南海トラフ地震の真実

小沢慧一
Keiichi Ozawa

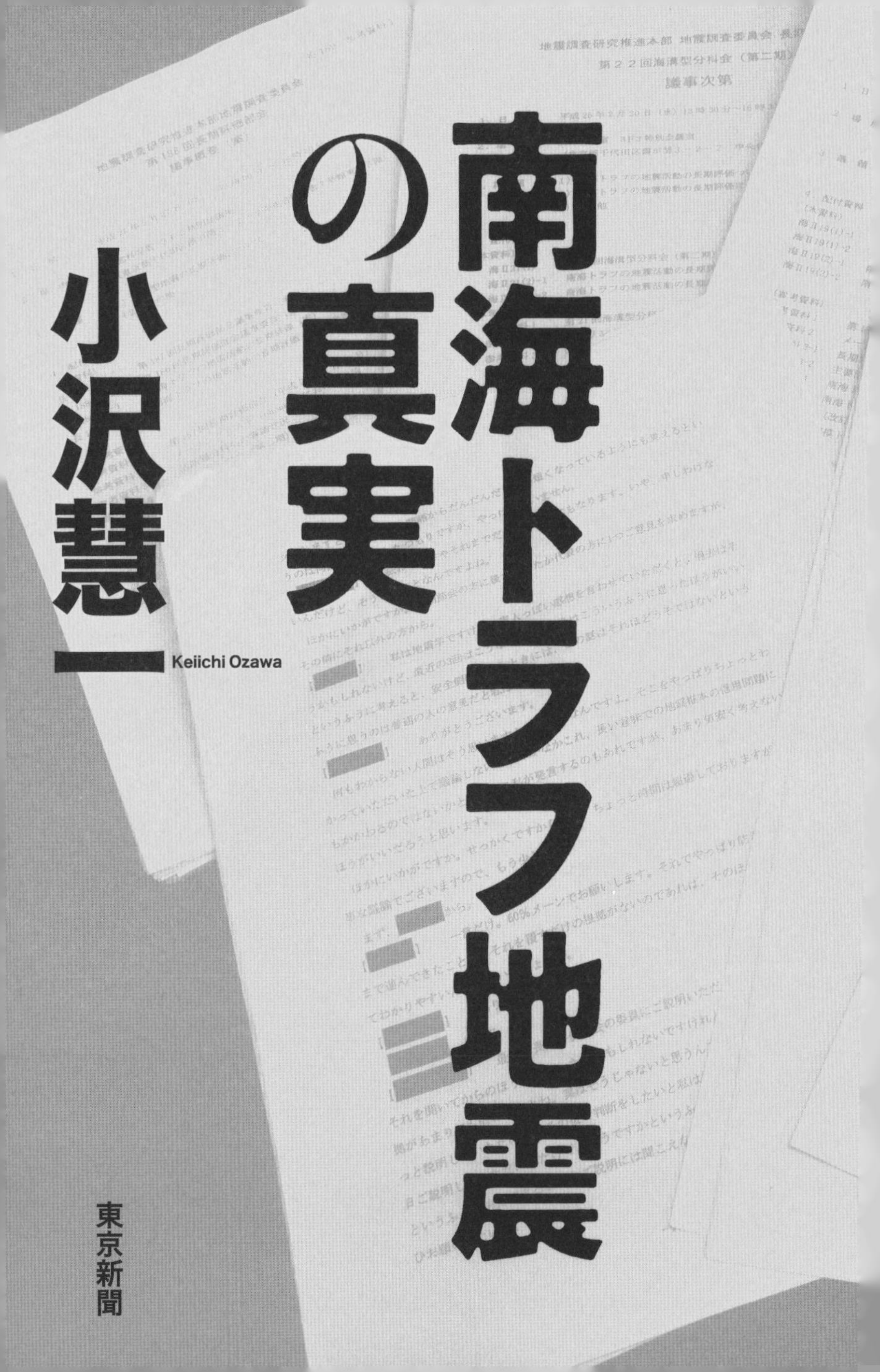

東京新聞

南海トラフ地震の真実

はじめに

静岡県から九州沖にかけてマグニチュード（M）8～9級の巨大地震が30年以内に「70～80％」の確率で発生するとされている南海トラフ地震。この数字を出すにあたり、政府や地震学者が別の地域では使われていない特別な計算式を使い、全国の地震と同じ基準で算出すると20％程度だった確率を「水増し」したことを、ほとんどの人は知らないだろう。なぜなら、そうした事実は私が取材するまで、政府や地震学者によって「隠す」かのように扱われていたからだ。

この確率の根拠となっているのは、元をたどれば江戸時代に測量された高知県室戸市の室津港1カ所の水深のデータだ。しかもこの数値は、港のどこを、いつ、どうやって測ったかが不明なデータで、さらにその港は測量前後に何度も掘削工事を重ね、確率計算の前提となる自然の地殻変動をきちんと反映していない。このことを知ったらこの数字を信用できるだろうか。

実は、検討した２０１３年当時の政府の地震調査研究推進本部（地震本部）の地震調査委員会海溝型分科会の委員たちは「科学的に疑義がある」と指摘し、70～80％（１３年当時は60～70％）の確率を、全国の他の地震と同じ基準で算出した20％程度に引き下げるか、二つの確率を同列で扱って示す両論併記にするかなどの提案をした。しかし、そうした地震学者たちの訴えはかき消された。さまざまな理由が挙げられたが、確率を下げると「防災予算の獲得に影響する」という意見が幅を利かせた。

この取材に着手する数年前、私は東海地震説について取材していた。東海地震説は1976年に「駿河湾で大地震が明日起こったとしても不思議ではない」とぶち上げられた仮説だ。これをきっかけに政府は東海地方を中心に地震の前兆現象を観測し、数日単位でピンポイントに地震の発生を言い当てる「地震予知」による防災に注力。予知を前提にした防災対策の法律まで作った。だが、予知の仕組みは現在に至るまで、一度も科学的に証明されたことがない。それでも予知研究には莫大《ばくだい》な予算が充てられ、その差配は政府に委員として選ばれた地震学者たちに委ねられて「地震ムラ」が形成された。

しかし、1995年には予知されることもなく阪神・淡路大震災が発生。「次は東海地震」と東海地方にばかり偏った防災対策が取られ、その他の自治体や住民らもそう思い込んでしまった結果、関西には地震が来ないとの油断が生まれ被害が拡大した。また、これにより予知ができないことも浮き彫りになり、批判が集中。政府は地震予知推進本部から今の地震調査研究推進本部に看板を掛け替えたが、実態を見ると体制に大きな変化はなかった。

冒頭の「30年以内に何%」という確率は、阪神・淡路大震災の反省から、予知の代わりに主流となった「地震予測」(長期評価)によるものだ。数日単位で言い当てる予知が不可能なので、代わりに過去の地震の記録や痕跡から統計的に次なる地震の時期の目途をつける地震予測にかじを切った。だが、地震の起き方は複雑で、ふたを開けてみれば予測とは違う場所でばかり地震が起きた。東日本大震災（２０１１年）では、予測とは場所も規模も全く違う想定外の地震が発生。地震ムラは阪神・淡路大震災に続き、今度こそ存続の危機に立たされるともみられたが、東京電力福島第一原発事故に注目が集まり、社会からの「おとがめ」はなかった。

私が南海トラフ地震の確率が水増しされていることを初めて知ったのは２０１８年。それまで科学的根拠に基づき算出されていると思っていた確率が、いいかげんな根拠を基に政治的な決められ方をしていたことに、あぜんとした。

また、取材をしていくと、南海トラフ地震が防災予算獲得の都合から「えこひいき」されて確率が高く示されるあまり、全国の他の地域の確率が低くとらえられて油断が生じ、むしろ被害を拡大させる要因になっている実態も見えてきた。例えば、２０１６年に発生した熊本地震では、震源となった活断層の30年以内の地震発生確率が「ほぼ０〜０・９％」とされており、熊本県は低確率であることをＰＲして企業誘致を行っていた。そのため、地震が発生すると被災者たちは口々に「九州には地震が来ないと思っていた」と話した。生半可な科学を使った政府の対策が逆に油断を生み、被害を拡大させる要因を作ってしまう。このことは地震予知と同じ轍《てつ》を踏んでいると言えるのではないか。

それでも予測を出し続ける背景には、予知体制から残る地震ムラの存在があり、ポストや研究予算などの既得権益も絡んでいる。

本書では、中日新聞で２０１９年に掲載し、２０２０年に日本科学技術ジャーナリスト会議の「科学ジャーナリスト賞」を受賞した「南海トラフ 80％の内幕」（東京新聞は２０２０年に掲載）と、２０２２年に掲載した「南海トラフ 揺らぐ80％」の二つの連載企画記事を基に大幅に加筆し、その後の取材成果を交え、改めて検証と分析を行った。

取材を支えたのは、政府の委員会が確率を検討した会議の膨大な議事録だ。本書の前半では、1年以上かけ、複数回にわたり情報公開請求を実施し明らかになった確率策定の経緯を追った。公開された議事録には、南海トラフ地震の30年確率を巡り、高い確率を出す計算モデルを採用することに「科学的に問題がある」と猛反対する地震学者たちの様子や、「まずお金を取らないと」「こんなこと言われちゃったら根底から覆る」と、何としても確率を低く出すことを阻止したい行政担当者や防災の専門家といった委員たちの抵抗が、生々しく描かれていた。

議事録で発言者の名前は黒塗りにされて伏せられていたが、確率が議論された２０１３年に委員だった地震学者や防災の専門家、さらには事務局となった文部科学省の官僚など20人近い関係者を１人ずつ取材。発言者を割り出し、一般には科学的に算出されていると思われている確率が、実際には限られた人たちにより密室で、科学を都合よく利用して決められていたという実態を浮かび上がらせた。

取材の過程で、地震本部の事務局を務める文科省が問題の核心部分の議論を含んだ議事録の公開を一度は拒否したり、確率を下げることに反対した委員からこの問題を報道したら今後の取材に応じないといった圧力を受けたりすることもあった。

本書の後半では、南海トラフ地震の確率の特殊な計算方法である「時間予測モデル」には問題があり、現在発表されている70~80%という確率が成り立たないことを、京都大防災研究所所長の橋本学教授（現・東京電機大特任教授）らと共同調査し、立証するまでを記した。

70~80%の根拠は、江戸時代に室津港を管理していた役人が残した古文書だ。調査からは、この古文書が100年近く前に、ある地震学者によって発表されて以来、他の研究者の検証をあまり受けることなく、役人の子孫の自宅で眠っていたことが発覚した。解析を進めると、港は何度も人工的に掘り下げられ、地震の隆起とは関係がないデータである可能性など、重要な事実が次々と明らかになった。

こうした調査をしようと思ったきっかけは、確率を巡る白熱した議論の中で、地震学を代表する立場にある委員が「この問題について調査研究をし、その結果を受けて、もう一度、これを検討し直す」という声明をしていたことを議事録で見つけたことだ。しかし、実際には私が調査を始めた時点でも検証はされておらず、自ら行う必要があると思った。こうした問題が発覚する経緯や長期評価に与える影響などを、丁寧に追っていった。

さらに、地震予知の失敗の歴史を振り返り、予知の後に主流になった地震予測が確率の低い地域でいかに住民の油断を生んでいるかを現地の担当者の声などから見ていった。また、確率だけではなく、「死者・行方不明者32万人」とする南海トラフ地震の「被害想定」も、地震学者たちから「科学的ではない」「大きすぎる」との批判が噴出している実態を明らかにした。

今年は関東大震災（１９２３年）から１００年となるが、現在政府が想定している首都直下地震は関東大震災で発生したような地震ではなく、それより規模が小さなものであることも言及した。その理由は、南海トラフ地震の想定を大きくしすぎた「揺り戻し」だったほか、東京五輪開催前の国際的イメージの低下を意識していたことも紹介する。

こうした南海トラフ地震と首都直下地震などの対策は、自民党が政権奪還を果たす際の目玉政策の一つである国土強靱化《きょうじんか》計画の正当性をアピールする最大の旗印となっていた。国土強靱化計画は地震対策として道路などのインフラ整備のほか、防潮堤の建設などさまざまな予算捻出の根拠となり、２０１３年度から２０２３年度までに約57兆円が使われた。さらに２０２５年度までに事業規模15兆円の対策が講じられる。もちろんこれらが不要とは言わないが、一方で、旗振り役の政治家の地元に多額の道路建設予算などが下りた実態もある。

当初、南海トラフ地震の確率問題について、新聞記事として世に出すべきかどうか迷った。

一つにはこうした記事を出すと、「なんだ、南海トラフ地震は来ないのか」「備えをして損をした」と考える読者が出てしまうかもしれないと思ったからだ。それは私が目指すところとは全く違うので、誤解しないでほしい。

もう一つは、南海トラフがえこひいきされることは私の故郷である東海地方にとっても悪いことではなく、恩恵を受けているなら、水を差す必要もないのではないかとも思ったからだ。

だが2018年9月、北海道地震が発生し、被災現場で一人の被災者に出会ったことをきっかけに、考えが変わった。

地震発生当時、現場に駆けつけると、一人の男子高校生が倒壊した家の横でうずくまっていた。尋ねると、1歳年下の高校生の妹の救出を見守っているのだという。

「足が……。妹の足が、見えているんです……」

祖母、父、妹との4人暮らし。男子高校生はたまたま自分の部屋の壁が崩れたことで、外に這《は》い出ることができたが、祖母と父は家の下敷きとなっていた。

がれきから見つけ出した妹の手帳。中には見慣れた丸文字で「明日から学校」と書かれていた。本当なら新学期を迎えていたこの日、男子高校生はフルートが好きだった妹の写真を胸に抱き、ガクガクと震えていた。

照明と重機を使って捜索は続いたが、地震発生から約17時間後、無言の妹が担架に乗せられて運び出された。

「北海道には地震が来ない」。男子高校生はそう思い込んでいたという。

「だって、テレビや新聞では、いつも次に来るのは南海トラフだって……」。そう言い、あふれ出る涙を止めることができなかった。

「命のため」は「絶対善」の正論だ。そのためなら、備えはいくらしてもしすぎということはないだろう。そのため、防災の政策に異論は挟みにくい。しかしそこで思考停止をしてはいけない。地震大国日本はそもそも、どこでも地震が起きる可能性が高いのだ。現在の地震学の実力では、将来の地震発生を見通せない。まして、天気予報のように「ここは0・9%」「あそこは80%」などと確率を出せる精度はないのだ。

防災行政と表裏一体となって進むことで莫大な予算を得てきた地震学者が、行政側に言われるがまま科学的事実を伏せ、行政側の主張の根拠になる確率を算出した――。南海トラフ地震の確率の決定のされ方は、まさにご都合主義の科学だったと言えよう。それならば記者として、実態を世に伝える必要があると考えた。

この国に住む全ての人が今の地震学の真実の姿を知って防災に打ち込み、「地震が来るとは思わなかった」と後悔することのないよう、本書をささげたい。

※本書には、議事録を引用した箇所が多数出てきますが、そのままの引用だと内容がわかりにくくなるため、発言内容については一部を要約しています。文中の肩書などは基本的に取材時のものです。

南海トラフ地震の真実　目次

はじめに

第1章 「えこひいき」の80%

第2章 地震学者たちの苦悩

第3章 地震学側vs.行政・防災側

第4章 久保野文書を追う

第1章

「えこひいき」の80％

地震学者の告発

「南海トラフ地震の確率だけ『えこひいき』されていて、水増しがされています。そこには裏の意図が隠れているんです」

取材は、地震学者からの衝撃的な「告発」で始まった。

それは2018年2月9日、地震調査委員会が南海トラフ地震が30年以内に発生する確率を「70％程度」から「70〜80％」に変更したことを発表する、数日前のことだった。中日新聞で防災分野の取材を担当していた私は、「70〜80％」に変更されるとの情報を事前にキャッチした。

「いよいよ東海地方に大地震が迫っている」と直感した私の頭の中では「防災対策は十分か」「地震が起きた場合の被害予測は」など、さまざまなニュースの切り口が駆け巡った。

まずは専門的な観点が必要と考え、本社から名古屋大の鷺谷《さぎや》威《たけし》教授（地殻変動学）に電話した。鷺谷氏は南海トラフの発生確率の検討に関わった政府の委員会の委員だ。当然、このときは防災のために警鐘を鳴らすコメントが返ってくると期待していた。しかし返ってきたのは、冒頭のえこひいきという意外な発言だった。なぜ、自らが検討した確率を否定するのか……。訳がわからなくなりかけている私に、鷺谷氏は続けた。

「個人的には非常にミスリーディングだと思っている。80％という数字を出せば、次に来る大地震が南海トラフ地震だと考え、防災対策もそこに焦点が絞られる。実際の危険度が数値通りならいいが、そうではない。まったくの誤解なんです。数値は危機感をあおるだけ。問題だと私は思う」

ミスリーディング？　誤解？　問題？　予想外の言葉に頭が混乱した。要領を得ない私に鷺谷氏はさらに驚くことを言った。

「南海トラフだけ、予測の数値を出す方法が違う。あれを科学と言ってはいけない。地震学者たちは『信頼できない』と考えています。他の地域と同じ方法にすれば20％程度にまで落ちる。同じ方法にするべきだという声は地震学者の中では多いんです。だが、防災対策を専門とする人たちが、今さら数値を下げるのはけしからん、と主張しています」

科学とは言えない？　20％？　下げるのはけしからん？　想定外のコメントの数々が、ますます頭を混乱させた。だが、80％の数値に何かカラクリがあれば、それを知っておく必要がある。

鷺谷氏によると、地震学者たちは、いったんは全国で統一の計算方法を用いて算出した「20％程度」という確率を素直に発表する案も検討したという。

南海トラフの位置

ところが、その方針を政府の委員会の上層部に伝えると、大反対が巻き起こった。

確率の出し方は大きく分けて2通りあり、それぞれのメカニズムを電話のやりとりだけで理解するのは難しかった。だが、南海トラフ地震の確率が高いのは特別な算出方法のためで、その方法を地震学者たちが変えようとすると上から圧力がかかったということに、裏の意図があるらしいことは理解できた。

東海地方に住む人間にとって、南海トラフ地震はずっと「必ず来る」と言われ続けている地震だ。そのため、名古屋出身の私も幼い頃から学校などで防災訓練を念入りに行ってきた。しかし、発生確率が作られた数字だったとしたら……。この問題は、しっかりと取材しないといけない。そう直感した。

そのときはひとまず電話を終え、デスク（原稿のまとめ役）に報告をした。デスクも「70～80%」の数字の大きさだけがことさら目を引くことを警戒し「そんなにでかでかと書かない方がいいな。粛々と報じよう」と冷静に反応した。

そもそも南海トラフ地震とは？

ここで一度、話を整理しておく。そもそも、南海トラフの「トラフ」とは何か。直訳するとお盆やくぼみを意味する。南海トラフとは、静岡県の駿河湾から遠州灘、熊野灘、紀伊半島の南側の海域および土佐湾を経て宮崎県日向灘沖まで続く、海底の溝状のくぼみのことだ。このくぼみは、海側のプレート（フィリピン海プレート）が陸側のプレート（ユーラシアプレート）の下に沈み込むことで生じている。海側のプレートは年数センチのペースで沈み込むが、そのときに陸側のプレートが一緒に地下に引きずり込まれる。元の形に戻ろうとする陸側のプレートにはひずみが溜《た》まり、やがて限界に達して跳ね上がると、大きな揺れが起こる。

このように、沈み込むプレート境界で発生する地震のことを「海溝型地震」という。震源が海にあるため、津波を引き起こす恐れがある。一般的に規模が大きく、南海トラフでは100～150年周期で起きるとされている。

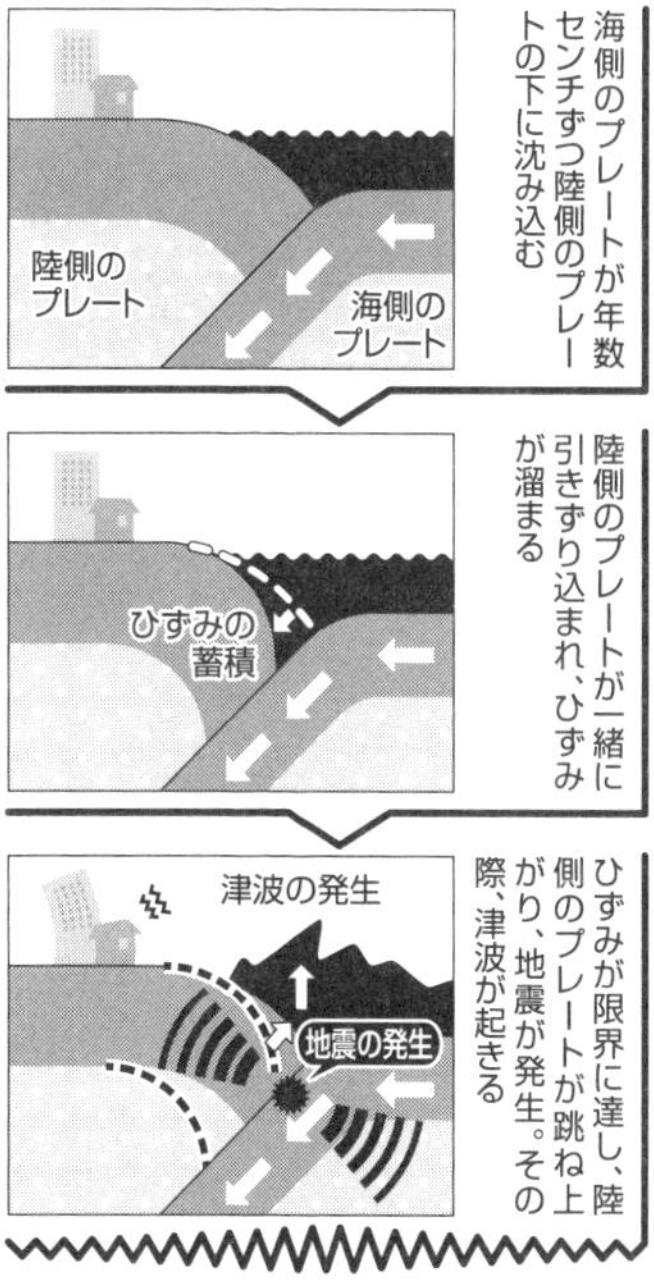
海側のプレートが年数センチずつ陸側のプレートの下に沈み込む
陸側のプレート
海側のプレート
陸側のプレートが一緒に引きずり込まれ、ひずみが溜まる
ひずみの蓄積
ひずみが限界に達し、陸側のプレートが跳ね上がり、地震が発生。その際、津波が起きる
津波の発生
地震の発生
南海トラフ地震の発生メカニズム

こうした繰り返しの歴史を根拠に南海トラフ地震は必ず起きるといわれている。以前はいわゆる東海地震説の東海地震と、東南海地震、南海地震は、それぞれ別の地震として分けて考えられていたが、近年はこれらから三つの地震の領域を含めた、より

13年評価の決定プロセス

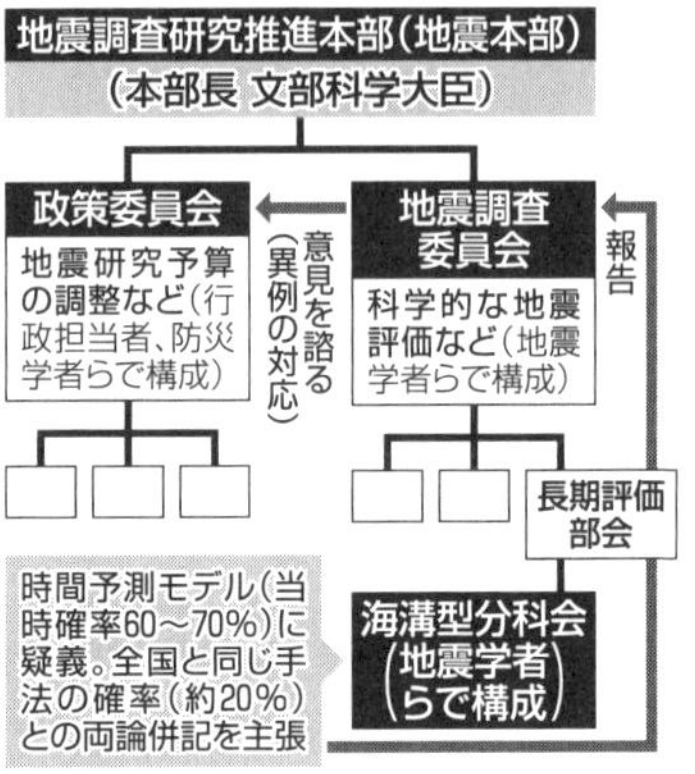

広い範囲で発生するものを南海トラフ地震とし、対策などが考えられるようになった。

「30年で何%」と発表されている確率は、「長期評価」という地震予測の中で算定されている。「30年確率」とも呼ばれる。

長期評価では海溝型地震に加え、内陸で地震を引き起こす「活断層地震」を対象に、地震の規模や一定期間内に発生する確率を予測している。現在、114の主要活断層や、6地域の海溝型地震などの予測が発表されている。

この長期評価は文部科学相が本部長を務める政府の特別機関「地震調査研究推進本部」（地震本部）が検討し、発表している。

長期評価は地震に関する調査や研究を整理し総合的に評価する地震本部の「地震調査委員会」で出すが、検討はその下部組織である「長期評価部会」が取りまとめる。海溝型の地震の長期評価の場合はさらにその下部組織である「海溝型分科会」が実際の検討を行う仕組みだ。

南海トラフ地震ではこれまでに2回、長期評価が公表されている。1回目は2001年9月（01年評価）で、東南海地震の発生確率は30年以内に50%、南海地震の発生確率は40%と分けて発表。2回目となる2013年5月(13年評価)では、東日本大震災の発生を受けて「想定外をなくせ」の号令の下の改訂となり、南海トラフ地震として一つに統合し、60~70%と確率を出した。現在は13年評価が最新だ。

なお、この確率は発表時点から30年以内のものなので、年数の経過とともに確率も上がる。私がキャッチした「70~80%」に上がるという情報は、年々上昇する確率を更新し、引き上げるタイミングでのことだった。

「突っ込みどころ満載」の確率

電話から数日後、名古屋大の鷺谷氏の研究室に赴き、詳しく話を聞くことにした。

本や資料が所狭しと並ぶ研究室に入ると、柔らかい声で「どうぞ」と部屋の真ん中にあるテーブルの席に座るよう促してくれた。まずは、電話ではよくわからなかった「特別な計算式」について聞いてみた。

「南海トラフ地震は01年評価も13年評価も『時間予測モデル』という計算モデルを使っています。世界的にも有名なモデルなのですが、中身を見ると突っ込みどころ満載なんです」

鷺谷氏の説明を聞くと、どうやらこの「時間予測モデル」が、南海トラフに使われている特別な計算式のことらしい。本書を通して重大なキーワードになってくるので、少し難しいが、確認しておきたい。

前述したように、地震は海側のプレートが沈み込むことによってひずみが溜まり、ある限界点に達すると陸側のプレートが跳ね上がり、激しい揺れを起こす。地震後も、海側のプレートは変わらず沈み込み運動を続け、ひずみを溜めていく。そして限界に達するとまた跳ね上がる。このサイクルに要する時間を割り出せるとして提案されたのが時間予測モデルだ。このモデルは、１９８０年に島崎邦彦東京大名誉教授（当時は同大助手）らが発表した仮説だ。限界点は常に一定で決まっており、次の地震が起きるまでの時間と隆起量は比例するとしている。

例えば、１年に「１」目盛りずつひずみが溜まっていき、「１００」目盛りに達すると地震が起きるメーターがあるとする。モデルに従うと、大きめの地震が起き「80」目盛り分のひずみが解放された場合、次の地震が起きるのは80年後になる。逆に小さめの地震が起き「30」目盛り分しか解放されなければ、30年で次の地震の限界点に達することになる。このとき、ひずみの量を測る目盛りの役割をするのが、地盤の「隆起量」だ。地盤は大きな地震が起きればそれだけ隆起し、その後、プレートの沈み込みによってゆっくり沈降していく。このモデルでは隆起した分だけ沈降すれば、次の地震が発生すると考えている。

では、実際にそのような動きをしているのだろうか。島崎氏らは実例として、過去の隆起の記録が残っている三つの場所を紹介している。それは高知県の室津港と千葉県の南房総、鹿児島県の離島の喜界島である。中でも、室津港の隆起量はモデルの理論にぴったりと合ったデータが取れており、多くの研究者を納得させるのに十分だった。

室津港のデータは次の通りだ。１７０７年に起きた宝永地震の隆起量は１・８メートルで、次の安政地震（１８５４年）まで約１５０年かかった。安政地震の際の隆起量は１・２メートルで、次の昭和南海地震（１９４６年）まで約90年。地盤の隆起と地震発生までの時間の間に相関関係が成り立ち、図のようなきれいな階段状のグラフ（階段グラフ）ができる。

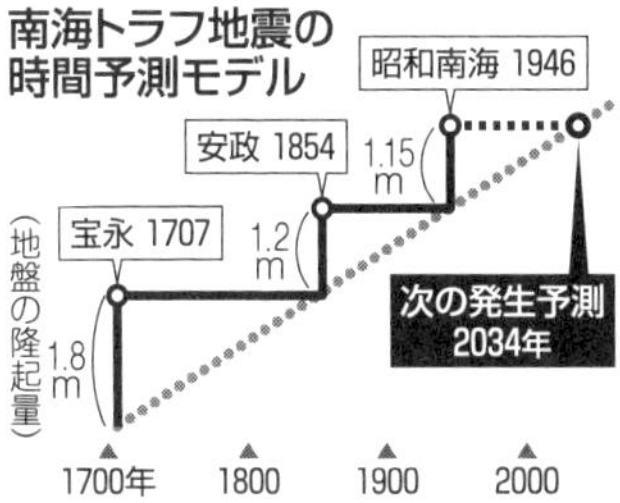

（地震調査委員会の報告書を基に作成）

直近の昭和南海地震では１・15メートル隆起したので、宝永、安政地震でわかった隆起量と時間の法則に当てはめると、次は約90年後の２０３４年ごろに地震が発生する、といった具合に予測ができるというのだ。これが、このモデルの名が「時間予測」とされるゆえんで、これらの地震間の間隔を基に、１３年評価は60～70％の確率が算出されている。

島崎氏らの時間予測モデルの論文は、発表後、地震研究などの地球物理学分野で世界最大の学会である米国地球物理学連合の学術誌で「最も重要な論文40」の一つに選ばれるなど、世界的に有名だった。

これに対して、他の全国の地震で使っている計算式は「単純平均モデル」といって、過去に起きた地震の発生間隔の平均から確率を割り出す手法だ。地震本部は、時間予測モデルの方が地震発生の物理的メカニズムを考慮している分、単純平均モデルより精度良く予測できるとしている。

01年評価から使われていた時間予測モデルだが、13年評価の検討時には、時間予測モデルを採用することの妥当性に地震学者から疑問の声が次々と上がった。

「確率低下はけしからん」

地震学者からは、例えば「室津港1カ所の隆起量だけで、静岡から九州沖にも及ぶ南海トラフ地震の発生時期を予測していいのか」「このモデルのデータは宝永地震と安政地震と昭和南海地震の三つだけ。圧倒的にデータが不足しており、たまたまうまく法則が当てはまって見えているだけなのでは」との指摘が出たという。

「地震学者で、まともに信じている人が、一体どのくらいいるのでしょうか」

鷺谷氏はそうつぶやく。

多くの地震学者が問題を指摘するなら、時間予測モデルは科学的によほどまずいものなのだろう。しかし、そうだとしたら、なぜ今も使われ続けているのか。その理由を鷺谷氏は眉をひそめながら語った。

「海溝型分科会では、もうこのモデルを使うのはやめて、確率が20％程度に下がっても単純平均モデルを使いましょうと、一度は意見がまとまりました。すると、普段は長期評価に関わらない政策委員会に意見が諮られて『確率を下げることはけしからん』と言われたんです」

政策委員会は地震学者だけでなく、行政担当者や民間企業の担当者、社会学者などといったさまざまなキャリアを持つ専門家らが委員を務め、予算の調整や調査観測の計画を立てる組織だ。同会の委員らは、南海トラフ地震はこれまで「発生が切迫している」ことを根拠に防災対策を進めていたので、確率を下げるとその根拠が失われてしまうと指摘したという。

「私も含めて、海溝型分科会の委員たちは納得したわけではありませんでした。ですが、押し切られて、どんどん諦めムードになっていき、最終的には譲歩しました……」

政策委員会は、組織図で見ると、海溝型分科会より二つ上位の地震調査委員会に並ぶ委員会だ。直属ではないとはいえ、政策委員会が「ノー」と言えば、話がこじれることは間違いない。だが、長期評価は地震学に基づく科学的な評価で、だからこそ誰もが信頼する情報のはずだ。客観的であるはずの確率がそんな政治的な理由で決まっていたとしたら、長期評価の情報はその価値を損なう。

鷺谷氏によると、海溝型分科会はせめて時間予測モデルと単純平均モデルを同列に扱う「両論

報告書に掲載された単純平均モデルの説明
（地震調査委員会の13年評価報告書より抜粋）

ケース	平均活動間隔	今後30年間に地震が発生する確率			
		α:最尤法 ( )内はαの値	α=0.24	Poisson過程	昭和地震直前の値
I	157.6	10%程度 (0.40)	3%	20%程度	30%程度
II	180.1	6% (0.37)	0.6%	20%程度	10%程度
III	116.9	20%程度 (0.20)	20%程度	20%程度	60%程度
IV	146.1	10%程度 (0.35)	5%	20%程度	30%程度
V	119.1	30%程度 (0.34)	20%程度	20%程度	40%程度

時間予測モデルが6ページ目の「主文」で示されているのに対し、単純平均モデルは43ページ目の「説明文」に示されており、気付きにくい

併記」で報告書を書こうと提案したという。

「ですが、それも政策委員会側が強く拒否し、かないませんでした」と、鷺谷氏は語気を強める。

最終的に、報告書の一番目立つ「主文」に時間予測モデルの確率だけが残り、単純平均モデルはそのずっと後段の「説明文」の中に、参考程度として埋もれる形になったという。確かに、報告書を確認すると、6ページ目には時間予測モデルを使った「今後30年以内の地震発生確率は60〜70％」という評価が載っているが、20％という数字が出てくるのは43ページ目だ。詳細な表が掲載されているものの、一般の人がこの報告書を見ても単純平均モデルの確率の存在には気付きにくいのではないだろうか。

「13年評価が科学ではなく行政判断で決まったことを明記するようにも求めましたが、それも『いいかげんな評価に見える』との理由で、通りませんでした」と、苦笑いする鷺谷氏。そして悔しそうにこう訴えた。

「委員たちは、それなりに実績を上げた研究者ばかりです。時間予測モデルはおかしいと言って

いる委員たちの意見が全く通らないなんて、そんなこと、おかしいでしょう」

行政的な都合で科学的判断が変えられている。もしそれが真実なら、その「科学」は真理の追究ではなく、単なる為政者や権力者の主張の権威付けの道具に落ちていると言っても過言ではないだろう。

恣意的な「全国地震動予測地図」

しかし、南海トラフ地震はいずれ必ず起きるといわれている地震だ。少し大げさに発生確率を高くしても、実害はないのではないか。

そう尋ねると、鷺谷氏は黙ってノートパソコンを開き、地震本部のホームページから「全国地震動予測地図」を選択し、私に示した。

この地図は、長期評価を基に、日本地図で大きな地震の揺れに襲われる可能性が高い所を色分けしたハザードマップだ。この地図だと、南海トラフ沿いの地域は真っ赤に塗りつぶされて、危険であることが強調されている。このことは「次の地震は南海トラフ地震だ」との誤解を生みだし、防災対策を南海トラフ沿いの地域に集中させる根拠の一つになっているという。鷺谷氏はそこに問題意識を持つ。

「危険は日本列島に満遍なくあるのに、この地図だとそのことが見えなくなる。この確率やハザードマップには恣意《しい》的なものが入っています。そうすることで、安全になればいいんですが、私には到底そうは思えません」

実は、長期評価やそれを基にした全国地震動予測地図は、国際的にも批判の目が向けられている。実際の地震は、発生確率が低いところでばかり起きているからだ。

そうした批判の火付け役となったのは、東京大のロバート・ゲラー名誉教授が有力な英科学誌ネイチャーに投稿した論文だった。ゲラー氏は全国地震動予測地図の上に、１９７９年以降10人以上の死者を出した地震の震源地を落とし込み、リスクが低いとされてきた場所でばかり地震が発生していることを示す地図「リアリティチェック」を作成した。

「この矛盾からだけでも、全国地震動予測地図およびその作成に用いられた方法論に欠陥があることがわかる」とゲラー氏は指摘している。確かに、ハザードマップとして発表している以上、外れが続けば出す意味がない。やり方を変えるべきだという批判は当然だろう。

弊害も出ている。熊本地震の本震を起こした布田川断層帯の30年確率は「ほぼ０〜０・９％」だったことから、熊本県はホームページで「過去１２０年間マグニチュード（Ｍ）７以上の地震は発生していない」と地震災害が少なく安全なことをＰＲし、企業誘致をしていた。熊本だけでなく、北海道地震で被害を受けた道や、死者が出た札幌市と苫小牧市も同様に企業誘致に長期評

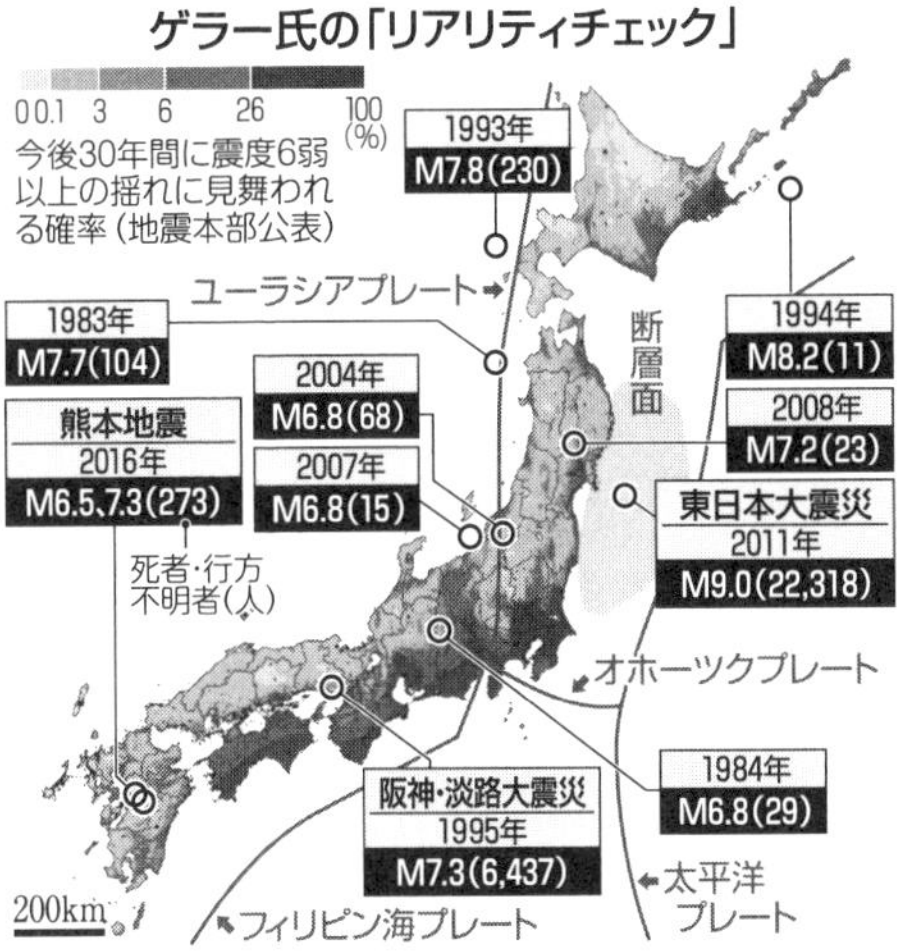

地震本部が公表している全国地震動予測地図の上に、1979年以降10人以上の死者を出した地震の震源地をゲラー氏が落とし込んだものを基に作成。確率が低いとされた場所でばかり地震が起きていることがわかる

価を使っていた。現在も、このようにハザードマップを使っている自治体がある。確率が低いことが、「安全宣言」につながった事例と言えるだろう。

こうした状況を、鷺谷氏は辛辣《しんらつ》に批判する。

「今は、確率が何に役立つ情報なのか、出している当人も含めてまともに答えられていない状態です。おまけに地図で危険度を色分けしておきながら、『全国で地震が起きる可能性があるので、どこの地域でも防災を心がけてほしい』と、ジョークみたいな注釈を入れている」

危険性をあおることで、防災対策を促すことを「脅しの防災」という。心理学的に見ても、脅しは行動の変化にはつながりにくく、むしろ警告の無視や危険性の過小評価につながり、逆効果になる可能性もあるという。地震の発生確率を示す長期評価の手法はまさにこれだ。

「この地図は、赤く色分けされた南海トラフ沿いの地域や首都圏以外は『安全』

と国民に誤解させることにしかなっていません。しかも、静岡県など赤くなっている地域は元々防災対策が盛んで、地図がなくても危機意識は高いでしょう。日本全国の防災で考えたら、このマップは逆効果なんです。私には、毎年莫大な研究予算をもらっている地震学者たちのやったふり以上の役割があるとは思えません」。そう語る鷺谷氏の強いまなざしから、私は目をそらすことができなかった。

報じなければ葬られる

鷺谷氏の告発は、ショッキングなものだった。「30年以内の発生確率が60〜70%」という文言は、南海トラフ地震の枕ことばで、私も南海トラフ地震絡みの記事を書く際は毎回使ってきた。それが恣意的に決められたものだったとは……。

しかし、私がこの取材をしたのは2018年2月で、13年評価の確率が発表されてから5年近くもたっている。南海トラフの長期評価は社会の耳目を引くテーマだ。鷺谷氏もいろいろな記者と付き合いがあるはずで、中にはこの話をした記者もいたのではないか。「この話はどれくらい知られている話なんですか」と聞くと、鷺谷氏は「確率の決定の経緯は、当初マスコミに知られることを恐れて、表に出されていない話なんです。

過去に別の新聞の科学部の記者さんにお話ししたことがありますが、記事にはなりませんでした」と静かに話した。
どうやら、この問題に取り組んでいる報道関係者はいないようだ。私が掘り起こさなければ、誰にも知られないまま葬られてしまうかもしれない。とりわけ東日本大震災以降、防災は報道の主要テーマだ。その内幕で問題のある意思決定がされているとしたら、それを知った記者には記事を通じて議論を呼びかける責務がある。
「これは報じるべきですね」。私がそう言うと、鷺谷氏は
「それはぜひ」と少し笑みを見せた。
しかし、当然鷺谷氏に聞いた話だけではなく、この内幕模様の裏取り取材をしなければ記事は書けない。複数の証人……いや、議事録などがあればいいが。そう思っていると、鷺谷氏は
「確か会議の議事録は全て残っていると思いますよ。（地震本部の事務局の）文部科学省に請求すれば出てくるかもしれませんね」と教えてくれた。
政府は「行政文書管理ガイドライン」で議事録などの公文書の取り扱いについて規定している。それによると、外部の有識者らによる懇談会を開催する際は「意思決定の過程を検証できるよう、開催日時、開催場所、出席者、議題、発言者及び発言内容を記載した議事の記録を作成する」と求めている。政府の専門家による会議である海溝型分科会はこれに当たるだろう。

議事録があれば、真相を一網打尽にして知ることができる。私は鷺谷氏に礼を言い、早速本社に戻り、議事録を請求する手続きに移った。

使わぬ手はない「情報公開請求制度」

情報公開請求制度は「行政機関の保有する情報の公開に関する法律」（情報公開法）によって、誰でも行政機関が持つ資料を請求することができると定めている。この制度を使えば、当局による自発的な発表ではなく、当局にとって都合の悪い情報も得られる可能性がある。行政側が公開・非公開を決める余地が大きく、問題もあるが、権力の監視が役割の新聞記者が使わない手はない。

情報公開の請求方法は、請求する文書を管轄する行政機関のホームページに掲載されている。目的の資料が明確な場合は、「行政文書開示請求書」に必要事項を記入し、送付する。わからない場合は、請求する先の行政機関に設けられている開示請求の窓口担当に確認するといい。担当者が目的の文書の所在の有無や、行政文書やファイルの名称などを教えてくれる。また、申請から開示までにどれくらい時間がかかりそうか目途も付く。具体的な資料名がわからない場合は「～に関する一切の資料」などと書くが、絞り込んでいないと余計な文書まで請求対象になり、その分開示に時間がかかることもある。

ちなみに請求先の行政機関自体の不正などを調べようとして、調査していることを感づかれたくない場合、こちらが何について調べているかわからないよう、わざと関係ない部門の資料を含ませたりすることもある。

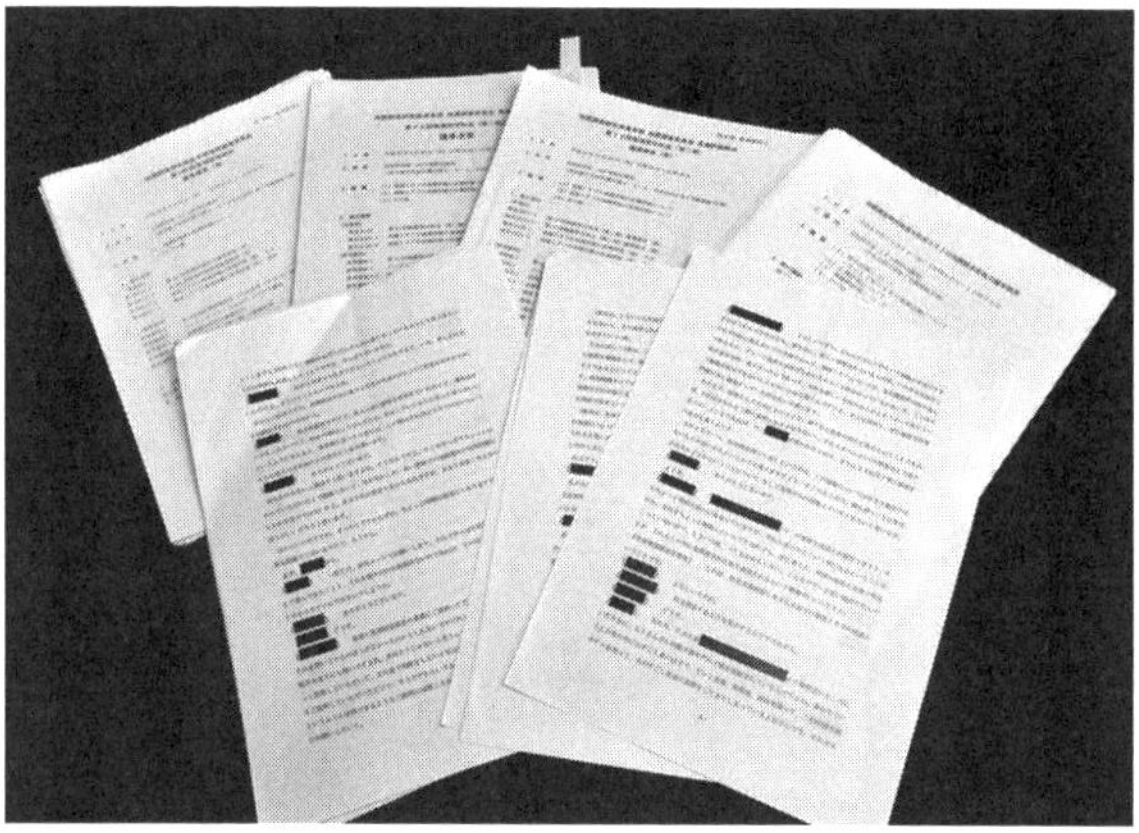
開示された議事録

大体の場合、数百円程度の手数料が必要で、請求書と一緒に手数料分の収入印紙などを郵送する。すると、申請から原則30日以内に開示・不開示の決定が通知され、通知を受けたら、開示の方法（事務所での閲覧、文書のコピーの受け取り、CD・DVDによる配布など）を選ぶ。開示実施手数料を支払うと、ようやく目当ての文書を見ることができる。請求内容や分量にもよるが、請求から閲覧までに1カ月程度かかることが多い。

鷺谷氏の取材を終え、文科省に情報公開請求すると、約1カ月後に申請した文書の開示を認める「開示決定」が届いた。文書のコピーを選び手数料を支払うと、そのまた約1週間後についに文書が郵送されてきた。

私は2018年春に、防災担当から愛知県警の警察署担当（署回り）に変わった。記事を書くなど普段の仕事の拠点も本社から名古屋・西警察署の一室にある記者室（記者室といってもほとんど私しか使っていなかったが）になり、その記者室で文書が入った封筒を開いた。時間がかかったせいかお目当ての資料が届くと、通販でお気に入りの商品が届いたときのようにワクワクする。

申請した資料は2012〜13年に海溝型分科会で検討された南海トラフ地震の発生確率を巡る議事に関するもので、A4サイズの封筒には議事録が入っていた。

議事録には開催日時や参加者が記されていて、著名な地震学者が名を連ねていた。だが、発言者の名前は全て伏せられており、名前の代わりにアルファベットや記号が振られていた。発言者の名前を隠すのは、情報公開法に「個人に関する情報」は不開示にできると定められているからだ。また、こうした専門家会議だと「自由闊達《かったつ》な議論を遮らないため」という理由もあるようだ。

私はいつも、この理由に疑問を感じる。専門家はその知見に基づき、責任をもって発言しているはずだ。議事録に名前が出るか出ないかで発言の内容を変えるというのであれば、その方が問題ではないか。私は2020年5月に、政府が新型コロナウイルスの専門家会議の議事録を作成していなかったことをスクープした。このとき、政府の担当者が私に語った議事録を作らない理由も「委員に自由闊達な議論をしてもらうため」だった。

新型コロナ対策が公文書管理を徹底する「歴史的緊急事態」に指定された直後だったこともあ

り、報道を受け、国会では野党からの批判が集中。専門家の委員側からも議事録の作成を求める声などが出た。だが、結局議事録が作成されることはなかった。

名前がない研究論文がないように、多くの専門家たちは自分の名前をかけて会議に出席している。名前を出さないことは専門家への配慮というより、情報公開に消極的な行政側の都合に思えてならない。そして情報を公開することの大きな社会的目的は、市民による検証だ。名前が出ないことは、この検証を困難にする。それは何よりも、私自身がこの取材を通じ、この後実感する弊害であった。

時間予測モデルに疑義の声

議事録を読み進めていくと、鷺谷氏の指摘通り海溝型分科会の委員のほとんどが、時間予測モデルに疑問を持っていたことが判明した。
まず目に飛び込んできたのは、ある委員の発言だった。（委員名は前述のように記号に置き換えられているので、そのまま掲載する）
％％委員「確率計算を以前のやり方で今やれば、70％か80％という30年確率が出てくると思うが、…れば、やはり残すのは妥当ではないと思う。

やり方一つ変えれば20％にもなる数字だということは、どこかに含ませておくべきではないか」

＆＆委員「全国地震動予測地図で南海トラフだけTime-predictableモデル（時間予測モデル）を使っていることはおかしい。確かにそこだけ赤くなる（＝高確率を示す）が、本当にそれが科学的に正しいのかということをきちんと見直す必要がある。時間予測モデルを使っているのは、南海トラフだけである」

％％委員「２００２年にパークフィールド（米国）の地震をもって時間予測モデルが破綻しているという論文が（英科学誌）ネイチャーに出ていた。時間予測モデルに対する批判や検証が必要だということは研究面からいろいろ出てきている」

議事録は２０１２年に開催された海溝型分科会のものだ。私がこの議事録を見たのは２０１８年。まさか、６年前に確率の信頼性が揺らぐような議論があったとは驚きだった。それならば、なぜそうした経緯を説明することなく公表したのか。全てのメディアがそのまま報じたことに、怒りと悔しさ、情けなさ

委員：サイエンスの議論をさせてもらうので

海溝型分科会議事録より

を感じずにはいられなかった。

前述したように、時間予測モデルによる確率は室津港の隆起量だけを唯一の根拠として算出している。だが13年評価では、東日本大震災で想定外の場所、規模の地震が発生したことを受け、さまざまな場所が震源になり得るなど、幅広い可能性を前提に発生確率を出すことを評価の方針としていた。その観点からも、室津港の観測データだけで日本列島の広大な範囲に及ぶ地震の発生を予測していることについては、ほぼ全ての委員が問題意識を持っていた。

しかし、このモデルを不採用にすると、60~70%という数字は導き出せず、確率は単純平均モデルで算出した場合の20%程度に落ちる。事務局はこの点を心配した。

事務局「問題はこれを否定してしまうかということである。否定してしまうと、今までの60%という数字は消える」

これに対し、ある委員はこう言い切る。

θθ委員「サイエンスの議論をさせてもらうのであれば、やはり残すのは妥当ではないと思う。少なくとも、この委員会では時間予測モデルは妥当ではないという意見があるわけで、それを出すのは納得できない」

「サイエンスの議論」という言葉が効いたのか、その後の議論では、時間予測モデルを科学的に擁護する反論はほとんど出なかった。会議終了の時間が迫り、事務局がまとめに入る。

事務局「事務局で数字を入れた案を次回提出して、やはり異論が多いようであれば、主文から抜くという作業にさせていただく」

結論は次回に持ち越されたが、この時点で、委員らの総意は時間予測モデルを採用しない方向でほぼまとまっていた。

０１年評価で採用した謎

そもそも、なぜ０１年評価の時は時間予測モデルを採用したのか。当然、この疑問は海溝型分科会でも議題に上がった。

「前回の経緯はよく知らないので、どうして時間予測モデルを敢《あ》えて採用したのか知りたい」

「今回いろいろ問題があると指摘しているが、それは最近わかったことではなくて、前回評価した時に既にわかっていたことばかりである」

事務局はこれらの問いに対し、時間予測モデルの提唱者の島崎氏がかつて海溝型分科会で説明した０１年評価の経緯について述べた。

事務局「最初は単純平均モデルで計算していたが、[redacted]（※黒塗り）委員から、南海地震がこんなに低い確率ではおかしい、時間予測モデルで計算すればどうなるのかと指摘され、計算してみたら確率が高くなったということであった。本当はそのことだけが理由ではなく、防災的には高い確率を出していくべきでは、ということになったのではないかと個人的には受け止めている」

事務局も島崎氏からのまた聞きのような状況で、時間予測モデルがどのような経緯で採用になったのか、はっきり把握していないようだった。真相を知るには、過去をひもとく必要があると思った。

まず、全容を知っているであろう島崎氏に取材をすることにした。島崎氏は、地震本部では長期評価部会部会長のほか、海溝型分科会の主査も務めていたが、２０１２年に原子力規制委員会委員長代理に就任したことをきっかけに、地震本部の役職を退任した。対面での取材を申し込んだが、多忙を理由にメールでのやりとりになった。

島崎氏に０１年評価の際の時間予測モデル導入の経緯を尋ねると、回答の代わりに０１年評価の検討時の議事録を調べてみるようアドバイスをくれた。

早速文科省に情報公開請求をして、当時の議事録を取り寄せた。長期評価部会の論点メモは13年評価の海溝型分科会の議事録と違い、発言者名の記載がなく、発言内容もかなり要約された簡単な体裁で書かれていた。だが、当時から時間予測モデルを採用することに批判的な意見があったこともわかった。

まず、2001年7月24日の長期評価部会で、事務局は委員らに「30年以内の確率は時間予測モデルでは45％だが更新過程（単純平均モデル）では7・7％となる」と説明していた。01年評価の報告書で単純平均モデルの確率は一切触れられていないが、当時も単純平均モデルの数値を試算し、時間予測モデルの結果と比べていたようだ。

また、時間予測モデルの採用に、「時間予測モデルで納得できる答えが出るのは南海地震だけ。更新過程で通すべきだ。『但《ただ》し時間予測モデルを使えばこういう結果になる』くらいに止めるべきと考える」と反対する声も出ていた。しかし、反対意見は少数だったようだ。この会議の半月後の8月10日に開かれた海溝型分科会の論点メモでは、長期評価部会での議論を振り返り「（反対）意見もあったが、一人だけの意見だったので、特に検討していない」と報告し、この議論をあっさり終わりにしている。

時間予測モデルありきのデータ採用

また、2001年8月30日の長期評価部会の論点メモには、島崎氏とみられる人物が時間予測モデル採用の経緯を語っている場面が見つかった。

「始めは更新過程を考えていた。それがいくつかの理由で時間予測モデルの方がよいという要素があり主従が逆転してしまった。私自身が時間予測モデルを提唱したからという訳ではない。防災の観点で、現在の防災対策としては時間予測モデルでやれば2040年ごろ、つまり今世紀前半、単純平均モデルにすると今世紀後半になってしまう。低い値にすると、今すぐ何もすることはないと受け取られる」

「低い値にすると、何もすることはないと受け取られる」との言いぶりは、科学的観点というよりは、確率を高く出しておいた方が防災対策を進めるうえで都合がいいという行政的な理由を優先したと受け取れる。

改めて島崎氏に、この発言の真意を尋ねた。すると島崎氏はメールで「これは小生の発言です」と認めたうえで、「時間予測モデルの提唱者として、中立的な取り扱いに努め、自分から使おうと言い始めた訳ではありません。上記（論点メモ）は簡単な速記録で舌足らずです。『低い値にすると、今すぐ何もすることはないと受け取られる』というのは私が述べたことではありません」と一部を否定。そのうえで、一人の委員を名指しし、こう説明した。

「安藤委員が、さまざまな量を用いて、時間予測モデルを使うべきだと言われました。その提案に従って資料を作成したところ、それなりの結果が得られました。その資料を検討し、最終的に採用されたというのが実情です」

安藤委員とは、日本地震学会長や名古屋大の地震火山・防災研究センター長などを歴任し、地震本部の委員も務めた安藤雅孝静岡大防災総合センター客員教授だ。「さまざまな量を用いて」「提案に従って資料を作成したところ、それなりの結果が得られました」という部分は当初何のことかよくわからなかったが、再び01年評価の報告書を読み直したところ、後段に参考資料として載っている「南海地震についての時間予測モデルの検討データ」という表のことだとわかった。

繰り返すが、時間予測モデルは、ひずみが大量に解放されるとその分、再びひずみを蓄積するのに時間がかかり、次の地震の発生間隔が長くなるという仮説だ。島崎氏の論文では、室津港の隆起量と地震の発生間隔には相関関係があるとしている。この表は、時間予測モデルの根拠を補強するため、室津港の隆起量以外にひずみ量を測る指標となる現象がないか検討したものだ。

具体的に検討したのは、「震源断層長」「地殻変動・津波データに基づく推定ずれ量」などだ。

これらは別の研究から、宝永地震、安政地震、昭和南海地震で、どれくらいの変化があったか推定ができていた。

検討の仕方は、宝永、安政の数値から、その次に起きた昭和南海地震の時期を予測し、実際の発生年の１９４６年にどれだけ近い数字が出るかで精度を確かめる。

結果を見ると、安藤氏の研究からわかっている震源断層長から求めたものが１９３８年と、昭和南海地震の時期に近く、評価は「○」となっている。その他は約20～40年の誤差があり、評価は「△」か「×」だった。

島崎氏は室津港のデータに加えて、こうした別の数値の検討で「それなりの結果」が出たことから、時間予測モデルが採用に至ったと説明している。

だが、この検討自体、１３年評価の委員たちからは非常に不評だった。２０１２年12月19日の海溝型分科会議事録には、こんな意見が載っていた。

時間予測モデルの検討データ

ひずみ量を測る指標		データの時期 宝永地震（1707年）	安政南海地震（1854）	昭和南海地震（1946）	昭和南海地震の発生時期の予測結果	次の南海トラフ地震の発生時期の予測結果	昭和南海地震の誤差
地震時隆起量		1.8m	1.2m	1.15m	1953年	2035年	○ 10年以内
震源断層長	安藤論文	530km	300km	300km	1938年	2039年	
	他の論文	615km	300km	270km	1927年	2030年	△ 30年未満
地殻変動・津波データに基づく推定ずれ量		12m	6m	6m	1929年	2039年	
津波遡上高		8.1m	6.8m	4.4m	1979年	2007年	× 30年以上
津波データに基づく推定ずれ量	四国沖	7m	6.3m	5m	1988年	2020年	
	紀伊水道	5.6m	4.7m	4m	1979年	2025年	

（地震調査委員会の01年評価報告書を基に作成）

「前回評価文に表がある。室津港のデータは確かによく合っているが、それ以外（のデータ）は、3地震だけを見てもあまり合っているようには見えない」

「結局、合うデータだけを使ってやっているということなのではないか」

「すごく乱暴だと思う」

データがあった上での時間予測モデルではなく、時間予測モデルありきで合うデータを探す。そんな本来とは逆の検討がされていたことに、委員たちもあぜんとしたようだ。13年評価ではこの検討データは不採用とし、モデルの根拠は室津港1カ所のデータのみになっていた。

予算獲得の「打ち出の小づち」

島崎氏が時間予測モデルを採用することの提案者として名指しした安藤氏には、過去に地震予知の問題について取材をしたことがあった。01年評価の検討当時のことをどうとらえているのだろうか。電話を入れると、たまたま名古屋にある中日新聞本社の近くにいたということなので、すぐに本社内にある喫茶店で落ち合うことになった。

席に着いた安藤氏にまず、島崎氏が「安藤委員が、さまざまな量を用いて、時間予測モデルを使うべきだと言われました」とメールで述べていることについて尋ねると、「それが、はっきりと覚えていないんですよ」と、首をかしげながら答えた。

議事録を比べると、時間予測モデルについて議論している量は圧倒的に０１年評価の方が少ない。議論自体があまり活発ではなかったようだ。自身も時間予測モデルの採用に賛成したことについては、少し声を落としながら
「時間予測モデルの方が、次の地震が早く起きる計算になる。切迫感があって危険ということになるんです。そうすると、国からのサポートを受けやすくなると考えたのだと思います。私にとっても、委員だった当時は名古屋大の教授で、その方が都合が良かったので」と、申し訳なさそうに振り返った。

そして安藤氏は当時、具体的にどうやって研究費獲得につなげたかも告白してくれた。

「南海トラフで危機が迫っていると言うと、予算を取りやすい環境でもあったんです。私は当時、内陸活断層の研究をしたいと思っていましたが、その研究をするための観測網がなかったので、国からの研究費のサポートがほしかった。そのために講演会などがあると、時間予測モデルを使って次の地震は２０３４年だと導き出し、『地震は近いですよ』と危険性を訴えていました」

もちろん、予算を得たいという思惑があったとしても、安藤氏が時間予測モデルを広めたのはこのモデルに信ぴょう性があると思っていたからだ。しかし、今となっては他の研究者と同様時間予測モデルに批判的で、

「今思うと、やはり南海トラフ全体の確率を、室津港1カ所の観測データだけでやっているのはまずい。科学として問題があるね」と、当然のことのように話した。

安藤氏がここまで開けっぴろげに語ってくれるのは、過去に自身も打ち込んだ予知研究と防災とのあり方に、反省すべき点があったと後悔しているからだ。

予知研究が盛んな頃は、「予知」をうたえば、地震学者たちに大きな予算が簡単に下りたという。阪神・淡路大震災以降、政府の目標は予知から予測に変わった。だが、それでも「東海地震(南海トラフ地震)対策」は、相変わらず研究費を引き出す「打ち出の小づち」として作用している。安藤氏の話からはそんな実態が見えた。

鶴の一声

島崎氏は01年評価で時間予測モデルを採用するかどうかの議論において、「中立的な取り扱いに努めた」と語っていた。それでは、「主従の逆転」をさせたのは誰なのか……。地震学者たちに取材をしていると、気になる話も耳に入ってきた。

「どうも、当時の委員長の『鶴の一声』だったらしいですよ」

鶴の一声?――。委員長というと、地震調査委員長だろうか。

2001年当時の地震調査委員長は津村建四朗氏（2006年に委員長退任）だ。長期評価の最終責任者だった。津村氏は、取材当時は公益財団法人地震予知総合研究振興会に所属しており、同会を通じて津村氏に取材を申し込むと、数日後電話がかかってきた。

「高いものが出せるなら高くした方がいいと思って、私が差し戻したんです。でも、今は時間予測モデルが成り立たないと言う人が多い。そんな状況で今も時間予測モデルを使うのは合わなくなってきているんでしょうね」

なんと、単純平均モデルを差し戻し、時間予測モデルを選ぶ方針を作ったのは津村氏だというのだ。しかも、今も継続して時間予測モデルを使うのは適切ではないという趣旨のことも語っている。電話を受けたのは出先だったため、後日、都内にある振興会で詳しく話を聞くことにした。

今だったら採用しない

振興会に着くと会議室に通され、ソファの席で待っていると津村氏が入ってきた。取材の冒頭、時間予測モデルを採用した経緯を尋ねると、

「私が時間予測モデルを考慮する必要があるんじゃないかと意見したんです」

ときっぱり認めた。

「元々私のところに上がってきた確率の原案が『21世紀中に地震が起こる可能性が高い』という程度の表現だったんです。それを見て、私は『この程度じゃ、防災につながらないだろう』と、もう少し切迫性があるものを考えるべきだと思ったんです」

このとき津村氏は、青年期に感銘を受けた大正時代の地震学者、旧東京帝大の今村明恒教授（1870～1948年）のことを思い出したという。

「今村氏は『大きな地震が起きたら次の地震まで時間がかかり、小さいと早く来る』と、今の時間予測モデルと同じ趣旨のことを論じていました」と、身振り手振りをしながら振り返る。

昭和南海地震は歴史的に見て、規模が小さい南海トラフ地震だった。津村氏は「それならば、今村氏の発想を取り込めば次の地震の発生時期はもっと早くなり、確率も高くなるのでは」と考えたという。

さらに、海溝型分科会は、切迫性のある確率を出すために自身が提案して設立させたという。「分科会設立時の挨拶文に『今村明恒のような発想を考慮して検討してください』とお願いしました」と、鮮明に当時の記憶を語った。

津村氏の言う通りなら、設立の趣旨からして、時間予測モデルの採用にあまり反論が出なかったのもうなずける。それでは津村氏が切迫性がある確率を出すべきだと感じた理由は何か。

「安政地震（1854年）から昭和南海地震（1946年）の間隔は92年で、南海トラフ地震は歴史上、最短約90年で再来しているんです。０１年評価の時は、前回の昭和南海地震から55年ぐらいでした。だから80年ぐらいの時点には防災対策が整っている状態にしておけば、後で『何で用心しないでいたのか』と批判されずに済むだろうと思ったんです」

津村氏の理屈は理解できた。実際には１００年後、１５０年後に地震が来るとしても、早くに対策しておくことに越したことはない。しかし

「それならば時間予測モデルを使わなくても、『最短で90年だからそろそろ準備が必要』で十分だったんじゃないですか？」と私が聞くと、津村氏は

「まさにそう。だけど、それだと弱そうな感じがするんですよね。何か、専門家の根拠がそれだけだと。学術的にこういう考え方があるんだと言った方が、一般の人も『ああなるほど』となるんです」と答えた。

どうやら時間予測モデルは、小難しい学説を使った方が「箔《はく》」が付くという発想から採用されたようだ。確率が最新の科学に基づいて算出されていると思っていただけに、あぜんとした。津村氏はさらに、

「21世紀中では遅いと思ったが、当時はまだ55年しかたっていなかったので、内心まだ地震は起こらないだろうとも思っていました。今の地震調査委員長だって、のんびりしているのはまだ来ないと思っているからではないでしょうか」と本音を打ち明けた。

とはいえ、01年評価は「30年以内に東南海は50％、南海は40％」と発表しており、規模はいずれもM8を上回り、これら二つの地域で同時に起きた場合はM8・5前後になるとしている。中日新聞は発表後の2001年9月29日の社説で「今回、東南海、南海地震の発生確率が公表された衝撃は大きい」「国、自治体とも対応策を急いでほしい。災害が来てからでは遅い」などと主張した。私は、津村氏が本当にそう考えていたというのなら、当時からはっきりそう教えてほしかったと思った。

「しかし、津村先生が地震調査委員長だった時に南海トラフの長期評価に導入した時間予測モデルは、13年評価の時には多くの地震学者が批判を寄せていましたよ」と私が聞くと、津村氏は首を大きく縦に振りながら

「最近は、時間予測モデルはデータが乏しくて、それを適用するだけの根拠がないという意見が多いと聞いていたので、私はてっきり今は時間予測モデルではなく、別のモデルで評価しているのかなと思っていたんです」と語った。

「今もし、先生が地震調査委員長だったら、まだ時間予測モデルを使いますか」と聞くと、腕を組みながら少し間を空けて、

「うーん。今だったら使わない可能性もあるかな」と答えた。

ここまでの取材で、時間予測モデルの長期評価採用の仕掛け人である津村氏と安藤氏は、いず

れもこのモデルに懐疑的な見解を持っていることがわかった。当時は時間予測モデルに対してあまり大きな批判は起きていなかったが、最近は批判が多くなり、他の研究者と同様信ぴょう性に疑問を抱いたようだ。科学は進歩する。昔は正しかった学説を後に否定し、新しい考え方に変わることは、むしろ科学者として健全であることの証拠だろう。

第2章 地震学者たちの苦悩

防災側が大反発

長期評価は地震の切迫度を科学的に確率で示したものだ。それなのに、地震学者の意見が通らない。そんな奇妙なことが、なぜ起こったのか。その原因は、防災の専門家や行政の担当者などが多く委員を務める政策委員会側の猛反対だった。

東京出張から帰った頃は残暑が続く9月の中旬。既に取材を始めて半年がたっていた。クーラーのない西警察署の記者室で扇風機の風量を「強」にして、再び議事録をめくって読み進めていくと、2012年12月19日の第20回海溝型分科会の議事録に政策委員会の猛反対の兆しが見えた。どうやら、政策委員会とその下部組織の総合部会による「合同部会」に海溝型分科会の代表として出向き、確率を下げることを提案した結果こっぴどく言われた分科会委員たちが、その時の様子を別の分科会委員たちに報告している場面のようだ。議事録からは委員たちの沈んだ雰囲気が読み取れる。

「防災側の人から確率を減らされては困るという発言が大分あった」

「私も同じ印象で、確率を下げることに対しては、かなり強い意見があった。確率を20~60％と範囲で示すことに対しても、それすらも困るということであった」

「確率を下げることによって、一般の人だけではなく、実際に防災対策をやっている人たちの取り組みが遅れることになるという意見も述べていた。厳しい意見が出ることは想像していたが、それ以上に強い意見が出ていた」

「自治体や建設業界の委員は、時間予測モデルが否定できないものであるならば、とにかく確率が下がることは困るという意見だった」

分科会も、南海トラフ地震がいつ発生するかはわからないものの「いずれ必ず起きる地震」ととらえていた。そのため、確率の高低が問題になるようだったら、いっそのこと確率を発表しないということも提案していた。ある委員は「確率を表示しないということに対しては何か意見があったか」と尋ねた。だが、

「なかった。やはり20％ということのショックが大きかったようである。皆、確率は出るものだという前提で話をされていたような感じはする」

と、議論にすらならなかったようだ。さらに別の委員らが、いかに合同部会で厳しい反応をされたか追加して説明する。

「とにかく、社会に対する影響の大きさをよく自覚してもらわないと困るという意見もあった。このまま放っておくと、地震調査委員会と社会が乖離《かいり》することにもなりかねないということである。本当にかなりきつい意見が出された」

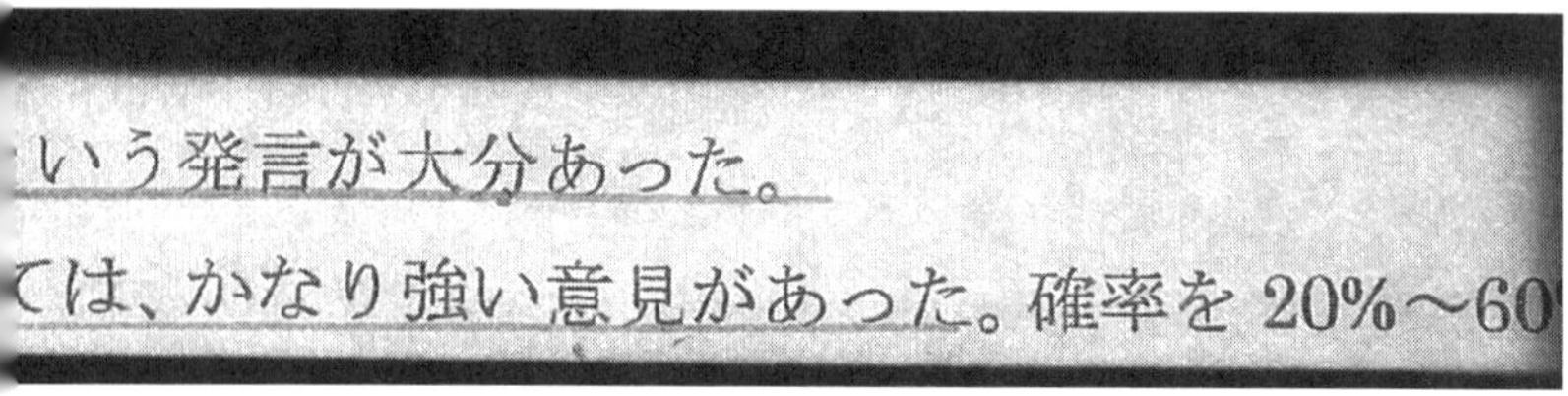
いう発言が大分あった。
ては、かなり強い意見があった。確率を 20%～60

「科学的に正しいからと言って、不用意に何でも出してはいけない。地震防災対策に役に立つという観点で、これまで長期評価をやってきたので、そういう形でやってほしい。ただし、科学を歪《ゆが》めろと言っているわけではなく、それをどういう風に表現していくかに工夫が必要だということである」

さまざまな言い方をしているが、要は政策委員会側は「確率を下げるということは認めない」「何とかしろ」と要求したいだけのように聞こえる。

他にも地震学者の委員たちが「象徴的な場面だった」と語ったのは、防災の専門家の委員が、地震学者側がこれまでとは違う見解を示したことに対して「責任追及」をした発言だった。その場にいた事務局の担当者は語る。

「南海トラフでは時間予測モデルが成り立つということを何度となく聞いたのに、今ここでそれは信頼が置けないということは一体どういうことなのだという発言があった。合同部会に出席していた地震学者は、これまでも問題点があることはきちんと説明してきたということであったが、その委員はそのようなことは聞いていないと発言されていた」

議事録の行間からは、委員が想定以上の反発に冷や汗をかく姿や、専門家として提案した内容を足蹴《あしげ》にされたことに悔しさをかみしめる表情など、ぴ

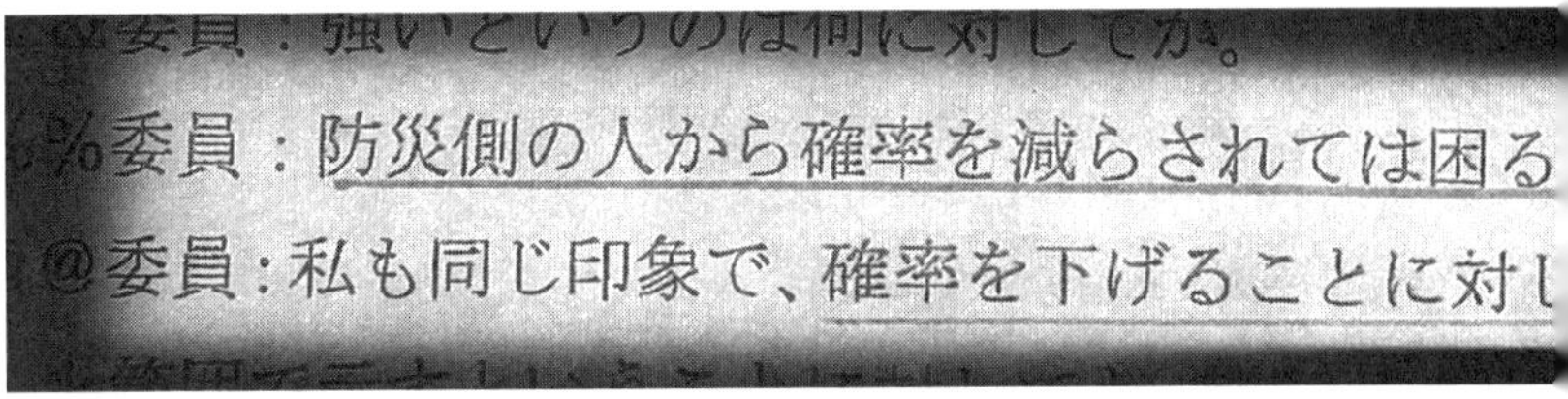
%委員：防災側の人から確率を減らされては困る
@委員：私も同じ印象で、確率を下げることに対し

海溝型分科会議事録より

りぴりとした雰囲気が想像された。議事録を読む私の額からも汗が垂れてきたのは、記者室にクーラーがないことだけが原因ではなかった。

地震学者たちのじくじたる思い

この後、委員たちは政策委員会側からの反発が大きいことを考慮し、時間予測モデルと単純平均モデルの結果をそれぞれ報告書の主文に載せるという「両論併記」を意見としてあげた。

両論併記は、時間予測モデルの信ぴょう性は低いが、「完全に」間違っていると証明できないので、念のため報告書に書いておくという判断だった。しかし両論併記すら認めず、逆に時間予測モデルを主文の数字に残したという結論を見ると、専門家集団である海溝型分科会の意向は全く聞き入れられなかったということである。

私は何があったのか、委員たちに直接話を聞くことにした。議事録では発言者が黒塗りになっているため誰が何を話したかが不明だったが、当時の委員名簿に従って、順番に連絡をしていった。

このとき取材をしたのは委員や当時の文科省の職員など20人近く。対面や電話、メールなど取材手法はさまざまだった。「とうとうこの話を聞きに来ましたか」と観念したような口ぶりの人もいれば、「その話はあまり触れたくない」とコメントを渋る人もいた。だが事の重大性からだろうか、一部の取材拒否を除いて多くの人が重い口を開き、科学的な根拠が希薄なことを認め、高い確率のみの公表で押し切られた経緯やじくじたる思いを語った。

まず取材に応じてくれたのは、産業技術総合研究所の宍倉正展《ししくらまさのぶ》氏だった。5年以上前のことだったが、「納得しているかと言われたら、しているとは言えないけど、行政判断だから仕方なかったんです」と苦々しく振り返った。

「南海トラフは確実に起きるとわかっている地震なので、防災の観点から言うと、一般の人に切迫感を出すように求めるのは間違っていないし、もっと切迫感を持ってほしいと思う。そういう意味では今の確率だって、全然違うというわけではないです。ただ……」

自分に言い聞かせるように語る宍倉氏。押し切られたことについて言葉を選びながら「時間予測モデルには問題があるんです。それなのにそれを選ぶということは、純粋に科学だけの面から言うなら、長期評価はやっぱり歪んでいる」と語る。

宍倉氏は地震学の専門家だ。この問題について「防災の意識を持った科学者はみんな悩む」と語るのは、自分の研究を社会に役立て、将来起こる地震の被害を最小限にしたいという使命感からだろう。

南海トラフ地震の長期評価は、いずれまた再検討される時期が来る。宍倉氏は、１３年評価は時間予測モデルを完全に否定する根拠がないため、今の確率を暫定的に出しているという位置付けだと説明し、こう述べた。

「一度高い確率を出してしまうと、下げるのは勇気が必要で、今回は反省もあった。次の検討では、この確率問題は大きな議論になると思う」

「データ少なく反証できず」「切迫しないと説得できない」

次に応じてくれたのは東北大災害科学国際研究所教授の日野亮太氏だった。電話で取材をすると「結構厳しい議論だった」と重い口を開くように振り返った。

日野氏は、両論併記にするかどうかの議論になった時のことを「私自身は、どっちの確率も出したかった」と残念そうに語った。

なぜ時間予測モデルの完全否定は難しかったのか。日野氏はその理由を「そもそも、時間予測モデルはデータが少ないから信用ができない。一方で、否定するにも、データが少ないから反証もできない」と説明する。

時間予測モデルは、わずか3回（宝永地震、安政地震、昭和南海地震）の地震の物理的特徴から、地震発生の法則を導き出している仮説だ。物理的なメカニズムが解明されていない場合統計から法則を証明する方法もあるが、最も記録があるといわれている南海トラフ地震でさえ、わかっているのは10回にも満たない過去の地震だけだ。そのため地震とモデルとの関係性も、法則が当たっているのか、たまたま合っているように見えるのか、判断ができないのだ。

日野氏が最終的に今の結論を受け入れた理由は長期評価を出すうえでの行政・防災側への配慮だったと語る。

「行政・防災側からは『確率がテレビで流された場合、ポイントを絞らないとわかりにくく、20〜70％と言われるのが一番困る』という意見があった。それで、どちらを出すべきかという話になったら『防災のためには、悪い方を出しておこう』となりますよね。私としても、社会を混乱させるのは避けたかったんです」と、言葉を強くした。

ほかにも、海溝型分科会委員だった海洋研究開発機構の堀高峰氏は、

「私たちは防災の専門家ではない。『確率を下げて、それが安心情報ととらえられ、対策が取られなくなったらどうしてくれるんだ』と普段から防災で社会に関わっている先生たちに言われたら、何も言えなくなる。どうしようもなかったんです」と、当時のことを語った。堀氏は

「南海トラフだけが特殊な確率の出し方をして、社会に対しては『確率が高く、地震が切迫して

いるから』というロジックで防災を訴えているのは事実」と述べる。話しぶりから、高い確率が出るようにして防災を促すことに、問題意識を持っているようだった。

だが、それでも仕方ないと思うのは、南海トラフ地震被害への危機感からだ。「日本経済を支えている中部地方の真下で、地震はいつか必ず起きるんです。本当の問題は切迫度ではないんです」と強調する。防災は長い年月をかけて少しずつ対策していくことが大切だが、行政は目の前の課題を最優先にしがちだからだ。

「他の場所で確率を出すことや全国地震動予測地図を出すことだって本当はおかしいと思っています。でも、切迫していると言わないと世の中の人を説得できない。投資をしてまで対策をするとはならないんです」。そう言い切る堀氏の言葉の奥には、葛藤が潜んでいるように感じた。

行政の要請と事実隠し

当時、海溝型分科会の主査だった佐竹健治・東大地震研究所教授は、上部委員会である地震調査委員会の委員も務めており、私は東大地震研に出張し、研究室で話を聞いた。佐竹氏は学者然とした、きりっとした雰囲気だが、取材にはフランクに応じてくれた。佐竹氏は当時地震調査委員長だった本蔵義守東京工業大特任教授がどんな判断をしたか、詳しく教えてくれた。

「この議論があって、本蔵先生は『時間予測モデルが疑わしいのはわかるが、完全に否定できるような証拠がないなら、今後ころころと確率が変わるのも困るので、13年評価は暫定的に01年評価の発表の仕方を踏襲して、時間予測モデルを使おう』と言っていました」

また両論併記に関しても、海溝型分科会は主文では両論併記すべきだという意見で合意したが、本蔵氏は「時間予測モデルが否定できないなら、これまで載せていなかった単純平均モデルの低い値は載せない方がいい」という意見だったようだ。

通常、長期評価は地震調査委員会が単独で科学的に検討し、地震調査委員会名で発表する。だが13年評価の際は、確率を下げる方針が検討されたため、社会的影響への配慮から地震調査委員会側が要請し、合同部会で意見が諮られた。そしてそれが実質的な最終判断となった。地震本部は地震調査委員会と政策委員会の2本柱で成り立っているが、予算の調整は基本的には政策委員会が握っている。

佐竹氏は「政策委員会の意向を聞いたことはそれまでなかった。かなり特殊な案件でしたね」と、遠くを見た。

出張から戻り、私は西署の記者室で確率の問題について議論した海溝型分科会の委員間のメールを印刷した資料を見ていた。

「数字（確率）が一人歩きしていく現状には危機感を覚える」

「(時間予測モデルに疑義があることを隠して)後から我々が批判を受けることになったとしても、防災・減災にとってマイナスになりうる情報発信は厳に慎むべきだ」

「何のために誰のために我々が情報を出すのか。慎重に検討する必要があるのではないか」

メールからは「防災か科学か」を議論する委員たちの葛藤が伝わってきた。皆がジレンマに陥る中、あくまでも科学者としての姿勢にこだわるべきだと述べる委員がいた。京都大防災研究所の橋本学教授だ。

橋本氏は、そのときのメールでこう語っている。

「『科学者は研究成果に対して誠実であれ』という言葉がありますが、このあたりが昨日から頭の中にがんがん響いています。たしかに防災対策に対してはネガティブな効果しかないでしょう。しかし、だからといって『現時点の知見に基づいて計算すると確率が下がる』という事実を隠すことは、やってはいけないことです」

「『時間予測モデルには問題があり、このメンバーで議論した結果、確率は下がることとなった』と正直に述べるべきだと思います」

防災側からの強い反発が必至のテーマで、多くの委員が対応を迷う中、ここまではっきりと反対を表明する橋本氏とはどのような人物か。興味を持った私は、橋本氏に会いに京都へ飛んだ。

時間予測モデルの「矛盾」

京大防災研究所は京都府の中心地である京都駅から電車で30分ほど離れた宇治市に位置し、閑静な環境にある。迷路のような研究棟を進んでいくと、奥に橋本氏の研究室があった。扉をたたくと、落ち着いた声で「どうぞ」と迎え入れてくれた。取材をした印象では、地震本部の決定に対し委員の中で最も不満を持っていたのは、橋本氏だった。なぜなら橋本氏は時間予測モデルの矛盾を、あの場で誰よりも感じていたからだ。

これまでに説明したように、南海「トラフ」とは海底の溝のことで、プレートが沈み込むことでできるくぼみだ。プレートはどんどん沈み込んでいくが、あるタイミングで限界を迎えプレートが跳ね上がり、大きな揺れを引き起こす。これが定期的に繰り返されるというのが定着した説だ。多くの場合ではどのタイミングで限界を迎えるのかわからないが、過去の沈降速度の記録があれば地震が起きるタイミングを計算して割り出すことができるとしたのが、時間予測モデルだ。島崎氏らの階段グラフからは一見、このモデル通りに地震が起きているように見え、多くの研究者もそう受け止めてきた。

だが、橋本氏はそのキャリアゆえに身についたある「癖」がきっかけになり、モデルの矛盾に気付いた。橋本氏は、20代の頃から国土地理院で測地の専門家として勤務しており、当時国土地理院では予知研究の一環で、日本各地の地盤の変動を観測していた。地震の前には前兆現象が起きるとされており、普段は一定の速度で沈降していく地盤に、異常な動きがないかを監視するのが主な目的だった。

「私は地盤データのグラフを見ると、つい沈降していく線の上に定規を置いて、グラフの傾きを眺める癖があるんですよ。こうやって見ると、直線だと思っていたものが実は曲がっていたり、傾きがそれまでと変わっていたりすることに気付くんです」。片目をつむりながら定規を当てるしぐさをする橋本氏は、職人のように見えた。

地盤の沈降速度を示した図に定規を当てる橋本氏

橋本氏によると、矛盾に気付いたのは2000年代初め。国土地理院が、観測に力を入れようと室津港に近い室戸岬で測量のペースを増やした頃だ。

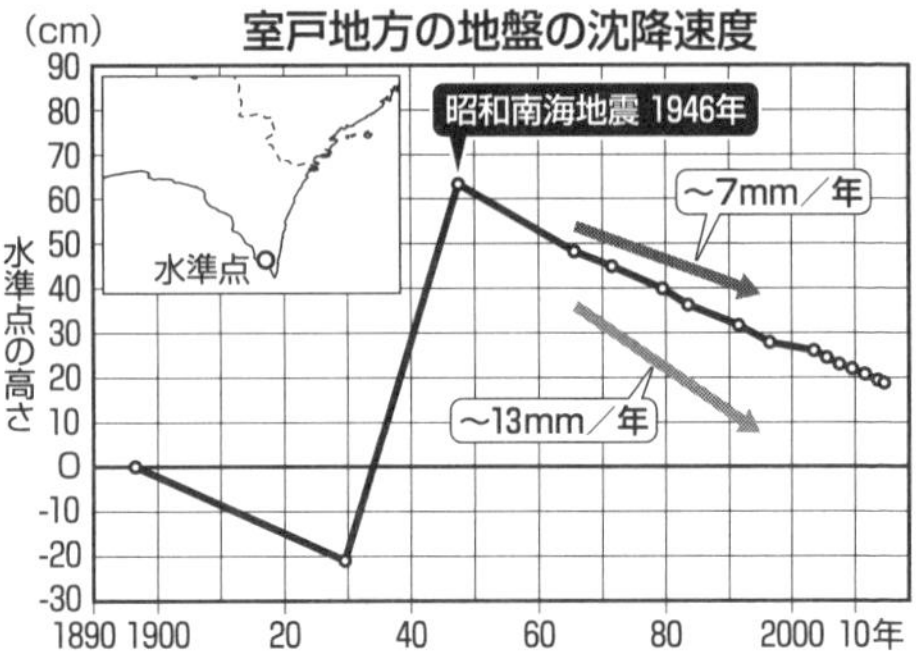

国土地理院の測量では年7ミリ程度の速度で沈降しており、水準点が地震前と同じ高さに戻る（次の地震の予測時期）のは21世紀末以降になる。（国土地理院の室戸地方の水準測量データを基に作成）

「そのころ『そういえば時間予測モデルに実際の沈降の測量値を当てはめると、どうなるんやろう』と思って、国土地理院の測量した室戸岬の沈降速度データのグラフにこうやって、定規を当ててみたんですよ」

モデル通りだったら、１９４６年に隆起した分の地盤が２０３４年に全て沈降するはずだ。

「ところが、定規を当てて実際の沈降速度で見てみると、２０３４年どころか、21世紀末以降にならないと隆起した分全てが沈降しないペースだったんです。それで『これはおかしいな』と思ったんです」。橋本氏は首をかしげながらそう振り返った。

これはどういうことか。時間予測モデルは、隆起した分と同じだけ沈降したときに地震が発生すると説明したモデルだ。室津港は年13ミリのペースで沈んでいるという計算に基づき、前回の地震での隆起量1・15メートル分が沈むには約90年かかり、２０３４年ごろに次の地震が起こるとされている。だが、国土地理院のデータでは実際の沈降速度は年13ミリではなく、年5～7ミリのペースで沈降していたのだ。（※厳密に言うと年5～7ミリは水準測量の結果なので、島崎氏がデ

ータとしている潮位変化とは比較対象が異なるが、実質的に大きな違いはない）

例えば、時速50キロの車と、時速100キロの車とでは目的地に到着するまでにかかる時間は倍違う。沈降速度もそれと同様だ。そのため5～7ミリで計算すると、発生時期は21世紀末以降になる。

私はとんでもないことだと思った。橋本氏の指摘は、国土地理院の測量という最も信頼できるデータに基づくものだ。それが島崎氏のモデルの想定と異なっているとしたら、必然的に島崎氏のモデルに問題があるということになり、長期評価は全く意味のない予測ということになるからだ。

「そのこと、どこかで発表したんですか」と私が聞くと橋本氏は

「島崎先生は国土地理院が事務局を務める『地震予知連絡会』の委員を務めていたので、定例会の場で今の疑問を尋ねてみました。でも島崎先生も他の委員の先生も、どなたからも明確な回答はありませんでした。それで、その話はそこまで深まらず、次の話題に行きました」と、残念そうに答えた。

7ミリと13ミリを使った際の予測時期の違い

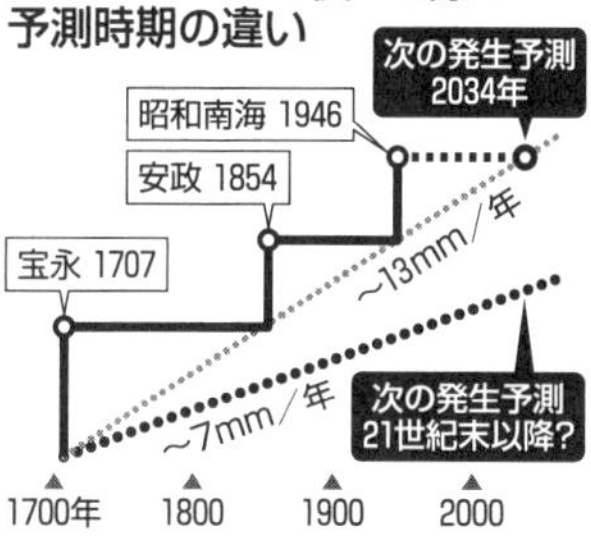

時間予測モデルに従うと年13ミリで沈降することになるが、実際は年7ミリと大きな差がある（地震調査委員会の報告書を基に作成）

提唱者を含め、誰からも反論がなかったということは橋本氏の指摘に何か大きな穴があるわけではなさそうだ。だとしたら、こんな根本的な矛盾を聞き流したということなのか。
「それから、橋本先生はその矛盾について指摘は続けたんですか？」とさらに私が聞くと
「いえ、私も結局それっきりでした。人の研究の穴を責めるよりもっと派手で面白い研究があって、私はそっちに没頭して手いっぱいでしたから」と、少し気まずそうに話した。

海外には時間予測モデルに否定的な論文も

海外に目を向けると、時間予測モデルについては比較的昔から否定的な論文が出ているという。

橋本氏は立ち上がり、「初版本を持っている日本人はあまりいないのですが」と少し自慢げに研究室の本棚から米地震学者のクリストファー・H・ショルツ氏の著書「地震と断層の力学」を取り出し、

「1989年にショルツ氏が書いた論文では、時間予測モデルは成り立たないと指摘しています」と話した。橋本氏はショルツ氏の書いた階段グラフのページを開き、グラフを指さしながら、

「ショルツ氏は、時間予測モデルで使われている宝永地震より前に起きた南海トラフ地震の隆起量を推定して出しているんです。でも、そうすると合っているのは、宝永地震、安政地震と、宝

永地震前に起きた慶長地震（１６０５年）だけでそれ以外は全然合わない。島崎先生らが書いたような、きれいな階段グラフが書けないんです」と説明した。

ショルツ氏の論文の図を見ると、確かに、全く隆起量と発生時期が一致していない。しかし、室津港はたまたま宝永、安政地震の隆起量の記録が残っていたため、時間予測モデルを当てはめることができた。だが、それ以前の隆起量はどうやって知ることができたのだろうか。

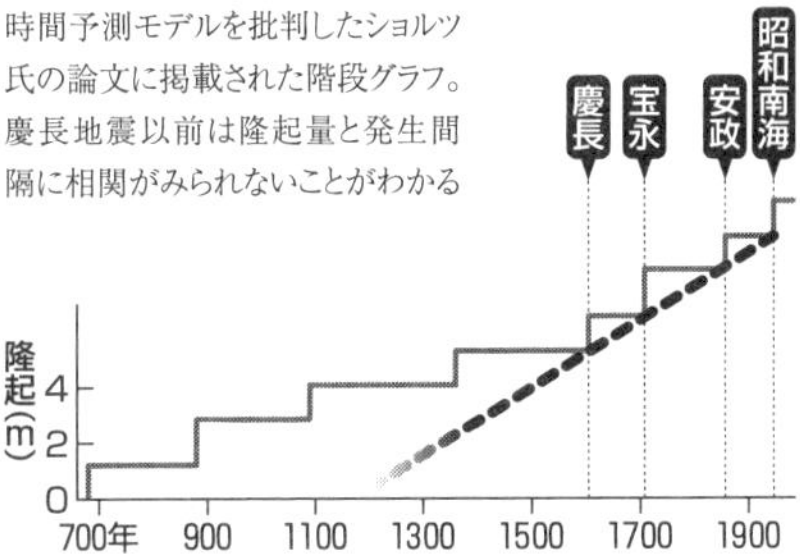

時間予測モデルを批判したショルツ氏の論文に掲載された階段グラフ。慶長地震以前は隆起量と発生間隔に相関がみられないことがわかる

「この論文の弱いところはそこなんです。ショルツ氏は、仕方なく地震でずれ動いた断層の長さ『震源断層長』を用いて計算しているんですが、過去の地震の規模から逆算的に推計したものなので、データとして信頼性が高いとは言えません」と首を横に振った。

この論文だけでは時間予測モデルの完全否定まではできないようだ。だが、ますますモデルが疑わしく思えた。

橋本氏は続けて、パソコンで論文データベースを検索し、英科学誌ネイチャーに掲載された時間予測モデルに否定的な論文を紹介してくれた。

研究は、１８５７年から１９６６年まで、Ｍ６クラスの地震が約20年に１度規則的に起きている、カリフォルニア州のパークフィールドという地域のサンアンドレアス断層を舞台に行われたものだ。ここは、研究者たちにとって地震が周期的に起きているかどうかを調べる格好の研究対象になっており、集中的に観測網が張られ、次の地震を待ち構えていたという。

調査時点で、最後の地震が起きたのは１９６６年。現代の技術で観測したデータを使い、時間予測モデルに当てはめて計算すると、パークフィールドの次の地震発生時期は１９８８年（プラスマイナス7年）と予測された。

正確なデータが観測されているならば、予測通り地震が起きればモデルは正しいし、そうでなければ間違いと言える。まさに時間予測モデルの「リトマス試験紙」になる検証だった。ところが実際に地震が起きたのは２００４年で、予測より20年近く遅い。研究チームは「時間予測モデルは成り立たない」と結論を出した。

確かに、元々20年周期で地震が起きるとされている中、予測が約20年違えば、それは外れと言えるだろう。ならば、なぜこの論文をもって、時間予測モデルは成り立たないという結論にならなかったのだろうか。

それについては橋本氏も「日本では、議論にならなかったんですよ。国の防災政策の根拠とされているモデルなのに、なぜならなかったのかはわかりません。そのあたりはグレーです」と、首をかしげる。

これを認めると都合が悪いと思っている人が、日本にはたくさんいるということなのだろうかと思いを巡らせていると、橋本氏は
「もっとも、これだけで完全否定とはならないわけです。時間予測モデルが当てはまらない例の一つとなるだけで」と話す。
世界的な科学誌にこれだけ否定された論文が出ているのに、なぜ完全否定にならないのだろうか。それについて橋本氏は「もし、時間予測モデルの肯定側に立てば」と前置きし、こう続けた。
「『これはサンアンドレアス断層が非常に特異な例なのだ』と反論が出ると思いますね。室津港でこれだけきれいに当てはまっているデータがあるのだから、日本はこれでいけるとなるでしょう。日本国内で時間予測モデルを強烈に反対する声は聞いたことがないですが、誰もちゃんと検証をしていないんじゃないでしょうか」

室津港のデータも怪しい

橋本氏はさらに時間予測モデルの信ぴょう性を疑う理由として、
「元データとしている室津港の海底の隆起量に、どれだけ信ぴょう性があるかという問題もあるんですよ」と、別の根拠を挙げ、「島崎先生が論文で使っている室津港のデータの出典を見ると、

どうも、今村明恒の論文が原典みたいなんですよね」と語り始めた。

旧東京帝大の今村明恒教授は関東大震災の発生を事前に警告したことで、非常に有名な存在だった。元地震調査委員長の津村氏が青年期に感銘を受けたと語っていた、あの学者である。橋本氏によると、論文では今村氏が室戸市を訪れた際、先祖代々室津港を管理してきた江戸時代の役人が残したという古文書を見つけ、古文書に記されていた室津港の水深から、隆起量を計算したという。

そもそも、時間予測モデルの隆起量のデータは、1・8メートルだとか1・2メートルだとか、10センチ単位の精度で数値が示されている。そのため10センチ程度の誤差でも、結果に与える影響は大きい。江戸時代の測量に、そんな精度があるのだろうか。私がそう尋ねると橋本氏は、

「そこが問題なんです。どうやって測ったかわかりませんが、江戸時代には近代のような精密な測量技術はありません。多分船の上から竹竿《ざお》をさしてみたり、縄を落としたりして調べたんでしょうが、到底正確な数値ではないでしょう」と、竹竿を突き刺すようなしぐさをした。

少し聞くだけでも、かなり怪しい数字だと思った。時間予測モデルのデータに採用する際、改めて検証はされたのだろうか。橋本氏は
「多分されていないでしょうね。時間予測モデルは元々のデータの取り扱いに、かなり問題があるんです。島崎論文の1・8メートルの隆起がどれだけ信頼できるか？ 誰もわかっていない。

学者も特に触れずに来た。世界では時間予測モデルについて批判的な論文が結構ありますが、室津港のデータの信ぴょう性の部分が議論されたことはありません」と、ため息をついた。

現在の室津港

沈降速度の矛盾、ショルツ氏の指摘、サンアンドレアス断層、怪しい元データ……。時間予測モデルは、少なくとも13年評価の時には逆風にあり、それをあえて正しいと証明する方が難しい状況だったようだ。当時の委員たちが、少なくとも国の防災の指針になる長期評価に使うような代物ではないとし、採用を取り下げるよう主張した気持ちはよくわかった。

それでは、事実上の最終的な意思決定の場となった合同部会では一体、どんなことが語り合われたのだろうか。再び文科省に情報公開請求し、合同部会の議事録を手に入れようとした。だが、それは一筋縄ではいかなかった。

第3章 地震学側VS.行政・防災側

情報開示を巡る攻防

私は地震本部の事務局を担当する文科省に連絡を入れた。しかし、担当者は「その会議に関して、公開できる議事録はありません」と、公開を拒否した。なぜ他の委員会の議事録はあるのに、意思決定をするうえで最も肝心な政策委員会の議事録が出ないのか。担当者は続ける。

「一般的に、議論の内容に社会的影響があると思われるものは、政策委員会の指示で開示しないことがあります。記者さんが請求しているものは非開示になっており、お見せできません」

確認してみると、政策委員会の議事要旨は毎回ホームページに掲載はしているものの、担当者の言う通り、問題の回の議事要旨は公開されていなかった。しかし、それでは社会的影響を隠れみのに、政策委員会がノーと言えば、どんな情報だって隠蔽《いんぺい》できてしまうのではないか。議論の透明性の確保のためにも、開示するべきである。私は担当者にそう問うたが、結論は決まっているようで「開示はできません」と、無機質に答えるだけだった。

この確率問題の取材の決め手は、「政策委員会がどんな議論をしたか」だ。やはり議事録を確認したい。だが、その後も議事録を入手するすべがなく、何カ月も取材は止まったままだった。

とりあえず、まだ取り寄せていなかった地震調査委員会と長期評価部会の議事録を情報公開請求した。一方で、これまでの取材を無駄にしないためにも、海溝型分科会のやりとりだけで何とか報道する方法はないかと考え始めていた。

ところが、事態を打開するヒントは、この地震調査委員会の議事録の中にあった。届いた議事録を読んでいると、議事録の取り扱いについて、ある委員が事務局に対してこう要望していたことを見つけた。

「政策委員会、総合部会の合同会（合同部会）では、議事録該当部分が全て削除されている。地震調査委員会側への圧力と受けとめられないように議事録から消したのかなど、いろいろ勝手な想像をしているのだが」

委員たちに配られた議事録でも、政策委員会の議論の箇所が削除されていたらしく、この委員は、こうした措置に隠蔽のにおいを感じ取ったようだ。これに対し、事務局はそれは誤解だと、慌てたようにこう答える。

「基本的にはそのようなことはない。政策委員会関係における南海トラフの長期評価は原則公開となっており、公開された部分については、議事録も公開する形となっている。ただし、社会的影響がある場合や、予算関係などについては非公開となるのだが、資料請求があった場合には出すこととなる」

資料を請求すれば、議事録は出す？

担当者が私に回答したことと、全く違うではないか。担当者はうそをついたのか？　さまざまな疑問が頭に浮かんだ。

発言権がある委員には「開示する」と口先で約束して面倒を避け、一方で、事情を知らない国民に対しては「公開していない」と言い張り、開示を拒んだのではないか。強い疑念を抱いた。

情報公開請求制度は、行政が正しく政策を行っているか、国民が監視するための制度だ。だが現在の制度では、行政が出したくない情報については、このようにいくらでも開示を拒否する手段がある。実態は当初の理念が骨抜きになっていると感じた。

「公になると問い合わせが殺到する」

私はすぐに文科省に電話をかけ、この議事録の部分を指摘し、再度申請した。

「2013年4月9日に開催された地震調査委員会第249回の議事録の5ページ目で、申請があった場合の文書の開示を約束していますよ」と尋ねると、担当者は少し慌てたように「ちょっと今手元に資料がないのですが」と答えた。

「前回は、連絡した時非公開だと言われて諦めましたが、やはり政策委員会の議事録は情報公開請求をします。資料を見る限り、公開はされるはずですよ。もし、それでも公開されないというのなら、なぜこの議論を覆してまで非公開になるのか、の説明は必ずお願いします」と先回りして話すと、担当者は「……わかりました。少しお時間を下さい」と言って電話を切った。

情報公開請求制度では、申請から原則30日以内に開示か不開示かの判断を示す決定通知書が送られてくることになっている。私の経験では、実際は30日より前に電話などで担当者から連絡が来て、それから通知書が送られてくるという運用が多かった。だが、期限直前になっても連絡がないので、こちらから担当者に様子を聞くと

「今そのことを省内で検討しています。方針が決まったら通知しますので」と答えた。

その数日後、開示通知を１カ月延ばすという延長決定通知が送られてきた。情報公開請求制度では、決定期限をさらに30日まで延長することができる。ただ、延長する理由として多いのは、開示請求を受けた文書が大量であるといった事務処理が困難な場合などだ。今回請求した資料は数回分の議事録で、分量は少ないはずだ。検討に時間がかかっているのだろう。文科省としては出したくないのかもしれないが、これは間違いなく議事録に、事務局が「請求があったら公開」と明言していたことが効いたようだ。

その30日後、決定通知が届いた。通知書によると、公開される部分もあるが、一部不開示もあると書いてあった。一部不開示はよくあることなので初めはそこまで気にはしなかったが、不開示理由としてこんなことが記されており、開いた口がふさがらなかった。

記

…する行政文書の名称
…調査研究推進本部第43回政策委員会・第35回総合部会及び地震調査研究推…
…回政策委員会・第36回総合部会の議事録のうち「南海トラフの地震活動の長…
…版）」について議論された部分の抜粋

不開示とした部分とその理由
…人に関する情報であって、当該情報に含まれる氏名、役職、所属その他の記述等に…
…個人を識別することができる情報は、法第5条第1号に該当すると判断し、不開示…

…員が特定される情報（委員の氏名、役職、所属及び委員が特定される発言等）のう…
…ることにより、国の機関の審議における率直な意見の交換若しくは意思決定の中立…
…なうおそれがあるものについては、法第5条第5号に該当すると判断し、不開示…

…、このような情報が公になることで、地震調査研究推進本部のみならず、国の…
…政法人等又は地方公共団体に国民や報道関係者等から問い合わせが殺到する…
…関、独立行政法人等又は地方公共団体が行う事務又は事業の適切な遂行に支…
…それがあることから、法第5条第6号にも該当すると判断し、不開示とし…

…の決定に不服がある場合は、行政不服審査法（平成26年法律第68号）の規…
…この決定があったことを知った日の翌日から起算して3か月以内に、文部科…
…して審査請求をすることができます。（なお、決定があったことを知った…
…算して3か月以内であっても、決定があった日の翌日から起算して…
…は審査請求ができなくなります。）

不開示の理由を書いた行政文書開示決定通知書

「このような情報が公になることで、地震調査研究推進本部のみならず、国の機関、独立行政法人等又は地方公共団体に国民や報道関係者等から問い合わせが殺到するなど、国の機関、独立行政法人等又は地方公共団体が行う事務又は事業の適切な遂行に支障を及ぼすおそれがあることから、法第５条第６号にも該当すると判断し、不開示とします」

「そんなばかな」。私はつい、そうつぶやいた。国民から問い合わせが殺到することが不開示の理由になるのであれば、役所にとって都合の悪い内容の文書は全て不開示にできてしまうではないか。そもそも、国民やマスコミから問い合わせが殺到するほど関心が深い内容ならば、むしろ地震本部から率先して説明するのが筋だろう。地震本部の存在意義が疑わしくなる回答である。

一体、どこまで不開示にするつもりなのだろうか。私は不安になってきた。情報公開請求制度では決定に不服がある場合、行政不服審査法に基づき審査請求を行うことができるし、行政事件訴訟法に基づき、国を被告として決定の取り消しを求める訴訟を提起することもできる。私は文書の開示具合によっては、審査請求や訴訟も辞さない覚悟でいた。

申請から２カ月後、ようやく開示決定が出た分の合同部会の議事録が公開された。他の委員会と同様に委員たちの氏名は全てわからないように黒塗りにされていたが、思いのほか内容は議論の流れはわかる程度に公開がされていたので、ひとまず審査請求のことは置いておくことにした。

しかし議事録を読んだ私は、その内容に驚愕《きょうがく》した。

荒れる合同部会

政策委員会側が地震学者たちの提案を蹴ることになった合同部会の議事録が届いたころには季節が春になっており、取材を始めて約1年が経過していた。その日に済ませる分の持ち場の仕事を終えた私は、いつもの記者室で送られてきた封筒を開いた。

開示されたのは、2012年12月17日の1回目の合同部会と、2013年2月21日に開かれた2回目の合同部会の2回分の議事録だった。1回目は、地震学者らが初めて政策委員会側に時間予測モデルの疑義を伝え、確率が下がることを覚悟で時間予測モデルを不採用にするか、両論併記にするかを提案したときのものだ。これまで見てきた海溝型分科会の議事録によると、この1回目の合同部会で両論併記を提案した海溝型分科会の委員らは、政策委員会側の委員らに相当厳しいことを言われているはずだ。

議事録を見ると、まず事務局の文科省の担当者が「南海トラフは、実は他の海溝型地震、あるいは活断層地震とは違う方法で確率を算出しています。その算出法は科学的に見てもいろいろ問題があるので、もうやめた方がいいのではないかという議論も出ています」と海溝型分科会での地震学者らの見解を説明していた。また、事務局は他の地震と同じ算出方法による20％程度が

「今の科学的知見から一番妥当性がある」と伝えてもいた。

政策委員会や総合部会に所属する行政の担当者や防災の専門家ら（行政・防災側）の反発を予測していたのか、担当者は「防災意識が低下するおそれがある」と述べ、公表の際は（1）確率は表示しない（2）20％のみを表示（3）20％～60％と表示する（4）60％を主表示として、20％を※印として表示する（5）20％を主表示として、60％を※印として表示する——という5案を提案。ある委員は「両方とも率直に出すのが正直なところだと思う」と口添えした。

行政・防災側に大きな衝撃が走った。

「私たち、もうさんざん（高確率を導く）時間予測モデルで頭を洗脳されているんですよね。多分そういう人が世の中にはすごく多いはず」

「ものすごい混乱を（社会に）引き起こす」

防災側委員の「責任追及」

衝撃の大きさを感じ取ったのか、地震本部に所属する地震学者の委員（地震学側）が弁明する。

「（今回の確率を下げる案は）東日本大震災があって、われわれが『わかっていないことをわからないと言おう』といったことの一つの例です。やはり両方示すしか今のところないと思っているんです。（私は最近の）講演でも、この時間予測モデルを使っています。やはり謎があって、これ本当に我々も理解できていないんですよね。地震学者がわからない、わからないと言うと怒られるんですけど」

ある意味で、正直な告白だった。だが、「わからない」という弱みの告白が巻き返しを受ける糸口となった。ある委員がその口火を切り、地震学側を厳しく責め立てる。

「我々の聞いていた理解だと、南海トラフが一番過去のデータもあるし、一番よくわかっている例で、それに基づいてやるとこうであるという言い方をずっと聞いていたはずで、そのほかのものは、もっとわからないからっていうように聞こえた。だから、今の話を聞くと全く逆で混乱するんです」

「聞いていた話と違う」という趣旨の責任追及を受け、「わからない」と発言した委員が「私のしゃべり方が悪かった。全然無理というのは何回も言ったつもりだったんですが」と謝罪口調に変わる。

防災側の委員が「でも短い講演だとそういうふうには多分聞けないですよね」と突っ込むと、司会役の委員まで「伝わらなきゃそれまでだろうということにもなります。いや、申し訳ないんだけど、そういうことなんですよね」と同調した。防災側の委員が一気にたたみかけてきた。

「一言だけ。60％メーンでお願いします。やっぱり防災対策がこれまで進んできたことと、それ

（時間予測モデル）を覆すだけの根拠がないのであれば、その方が国民にとってわかりやすいんではないでしょうか？」

この委員の責任追及は、科学的根拠こそが重要だと思っていた地震学側の委員たちを萎縮させたようだ。事前にモデルの問題について説明を尽くしても、専門外の人にはそれがたとえ委員でも伝わっていないことや、一度上げてしまった確率はなかなか下げられないことなどを実感させたからだ。この合同部会の直後に開かれた地震学側の会議である長期評価部会（海溝型分科会の上位部会）では、

「（防災側からの）はしごを外してくれてどうするのかという意見だった。このはしごは絶対に外せないはしごで、既に上ってしまった以上は一蓮托生《いちれんたくしょう》でやるしかないという印象を持った」

「そう簡単には下げられないという意を強くした。今回は、政策委員会・総合部会合同部会の発言を尊重するしかないと思う」

と、戦意喪失する委員が次々と出た。

防戦一方の地震学側

合同部会では防災側の意見を聞き、司会役の委員が地震学側にもコメントを求める。

すると、合同部会にオブザーバーとして参加していた海溝型分科会の委員が、「先ほどからのご議論は、まさにおっしゃるとおりだと思うんです。今回……、どうなのかな、代表になってない気がするな。私は分科会の中では今日皆さんが言われたことに近い意見をずっと言ってきたほうなんですよね。だから……」と、意見を述べようとしていた。

分科会委員が言いにくそうにするので、司会者はその委員が分科会側の総意を伝えようとしていると思ったのか、「(時間予測モデルで用いているデータが)適切なサンプルではないとおっしゃっている」と、話を促す。ところがこの委員が言いたいのは、その逆のことだった。

「適切じゃないですかね。ただ私は、時間予測モデルについて研究をしてきて、いろいろ問題があることもわかっていますが、その問題があることをわかったうえで、やはりこれまで来た経緯も考えると、問題があるからといって否定ができるわけではないので、それは採用すべきだというのが私のほうの考えではあるんですけれども」

分科会委員による、分科会の総意に「離反」する発言を受け、後押しするように司会者が「かなり割れているどころか、むしろ(確率を下げることに)動こうとしている方向に反対の方がたくさんおられるということがおわかりいただけたと思います」と、地震学側で意見が割れていることを強調した。

この委員はなぜ突然離反したのだろうか。合同部会から10年後の2023年に取材すると「私の発言である可能性が高い」とした上で、こう説明した。

「私は時間予測モデルで出した確率を完全に排除するべきでないと言いたかっただけで、両論併記を推す分科会の考えに離反したつもりはありません。だが、今議事録で議論の流れを見てみると、確かに分科会とは反対の意見を言っているようですね。私は普段から流れを理解せずに発言するところがありますが、どうやらこのときも『やらかして』しまったようです」

この委員の「オウンゴール」も手伝い、すでに流れは行政・防災側の押せ押せ。両論併記で一致したはずの地震学側の足並みは乱れ、防戦一方となっていった。

下げたら税金投入に影響する

１回目の合同部会の議事録によると、南海トラフ地震について、他の地震と同じ算出法での確率も示し、「低い確率も正直に出すべきだ」と訴えた地震学者らの主張は、行政・防災側の反対で劣勢に立たされた。そのうえで、２回目の合同部会で焦点になったのは公表の仕方だった。記者会見の発表資料となる報告書の主文で、高確率と低確率の扱いをどうするかが問題になった。

これまでも述べたように、１３年評価では、南海トラフを他地域と同じ単純平均モデルで計算すると確率が20％ほどになることは、評価文の主文でまったく触れていない。評価文の後段の説

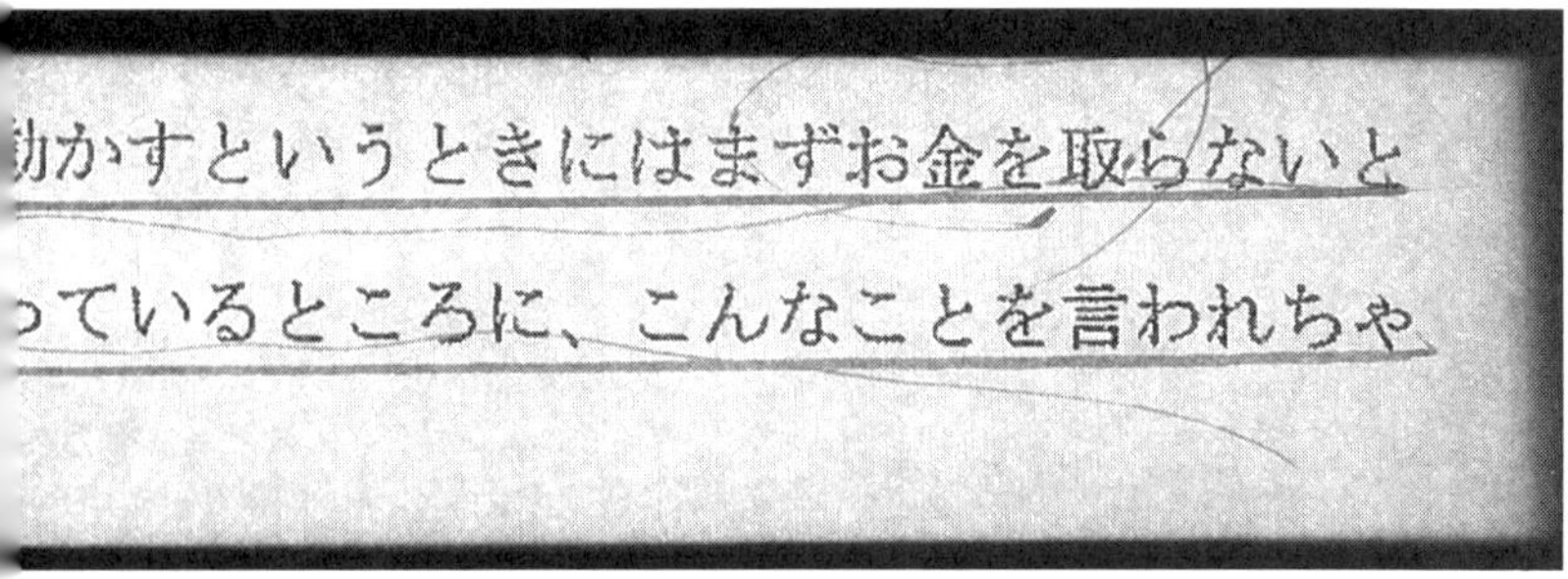
かすというときにはまずお金を取らないと
っているところに、こんなことを言われちゃ

明文には一部記載があるものの、これでは低い確率から目を遠ざける意図的な構成と思われても仕方がないだろう。時間予測モデルの信ぴょう性が揺らいでいる状況でこのモデルだけを主文に記載するかどうかは、地震学者らにとって、科学者としての立場に関わる重大な攻防ラインだった。

2回目の合同部会では、主文で（1）高い確率と低い確率を併記する（2）高い確率を主に記し、低い確率は参考値として示す（3）高い確率だけを記す（4）高い確率だけを参考値として記す――という、前回の合同部会で示された案より行政・防災側に譲歩した4案が示された。

この際4案を提案した分科会の事務局担当者は、地震学者らが避けたい（3）案について、「科学的な考え方からすると非常に問題点がある」とくぎを刺している。

議事録では発言者が黒塗りになっているため誰の発言か不明だが、当初は高低の確率を併記する案である（1）と（2）が有力だった。「（両論併記することで）パーセントに幅が出るが、これはしょうが

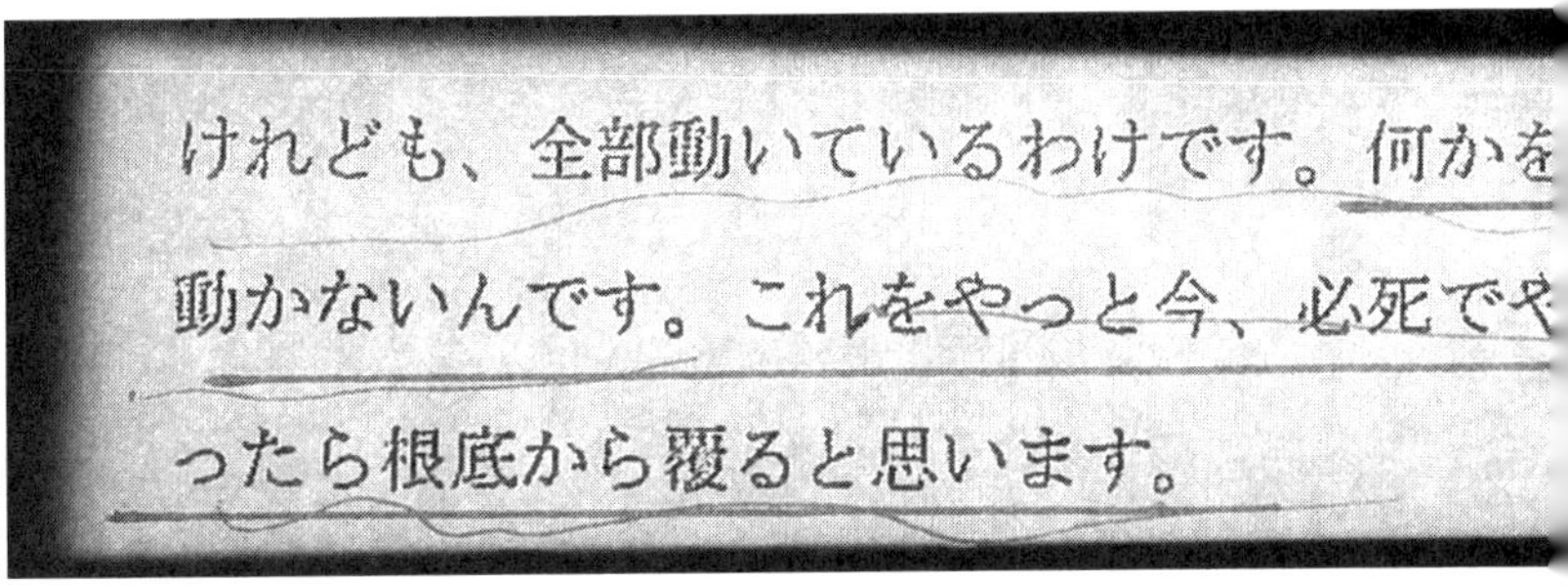
けれども、全部動いているわけです。何かを
動かないんです。これをやっと今、必死でや
ったら根底から覆ると思います。

合同部会議事録より

ない。今の地震学のレベルでそれしか言えない。対策の目標としては、非常に発生確率が高いということを前提にして対策をとっていきましょうという説得の仕方で問題ないでしょう」

「（高確率の）時間予測モデルだけにこだわっていたら、検討すべき課題、方向を見失ってしまう可能性がある。（2）案はどうしても発表する必要がある」

「私は、記者会見の場をちょっと頭の中に思い浮かべました。単純平均モデルでやると地震の起こる確率はどのくらいになるんですかと、記者だったら絶対突っ込んでくるでしょう。（低い方を）隠すことはできない」

　時間予測モデルの確率だけを載せる（3）案は圧倒的に不利だったが、「われわれ防災行政をあずかっている者」というある委員の発言をきっかけに、潮目が変わる。

「南海トラフは備えを急がなければならないという理解を得るための根拠になってくるのが、発生確率が高いということなんですね。それを今回、単純に下げると『税金を優先的に投入して対策を練る

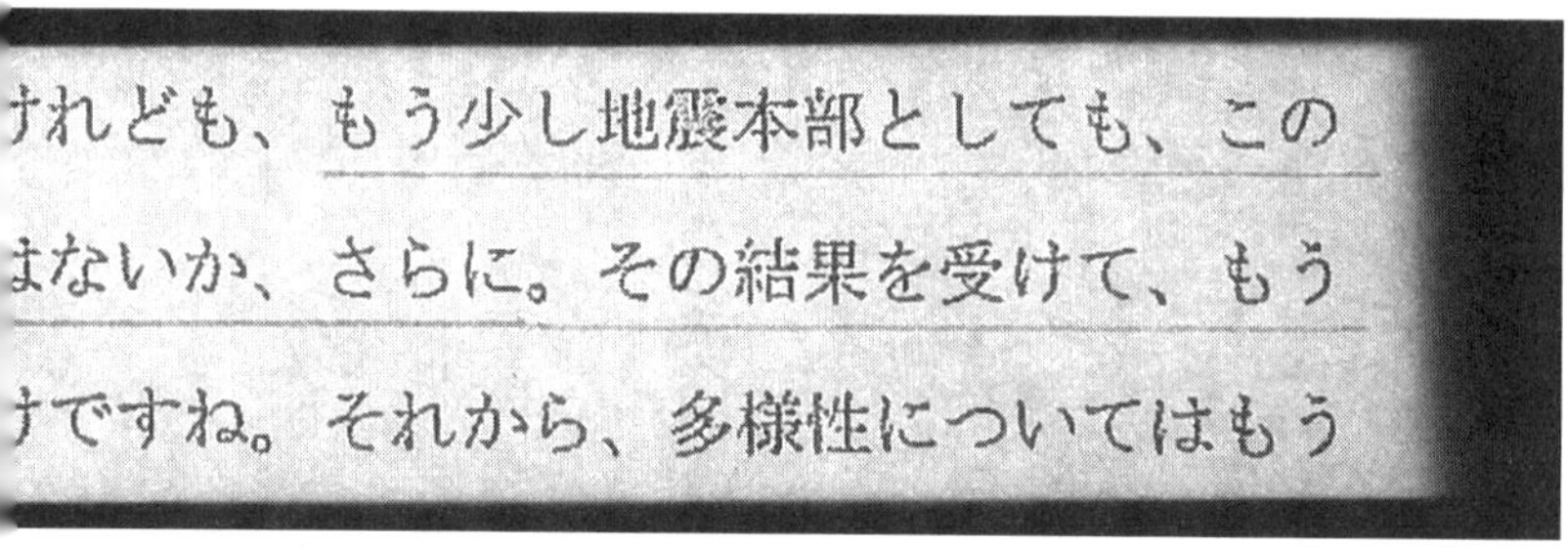
れども、もう少し地震本部としても、この
ないか、さらに。その結果を受けて、もう
ですね。それから、多様性についてはもう

必要はない』『優先順位はもっと下げてもいい』と集中砲火を浴びると思います」

これに同調する行政・防災側の委員も現れ、さらにこう訴えた。

「東海、東南海、南海に向けての対策は実務者レベルでも、地方でも、全部動いているわけです。何かを動かすというときにはまずお金を取らないと動かないんです。これをやっと今、必死でやっているところに、こんな（確率を下げる）ことを言われちゃったら根底から覆ると思います」

そのうえでこの委員は、

「絶対に案（3）です。多数決で決まってしまったら仕方がないですけど、拒否権を行使できるのであれば拒否します」と強く訴える。

私はこの委員の生々しい発言に絶句した。確率が防災予算に影響することはあるだろうが、確率を決める議論と防災予算獲得の議論は別の話で、一緒に論じるべきではないだろう。暗黙の了解から、誰も公式の場では口にしないと思っていたが、これほどあからさまに確率と予算を結びつける発言が出るとは……。

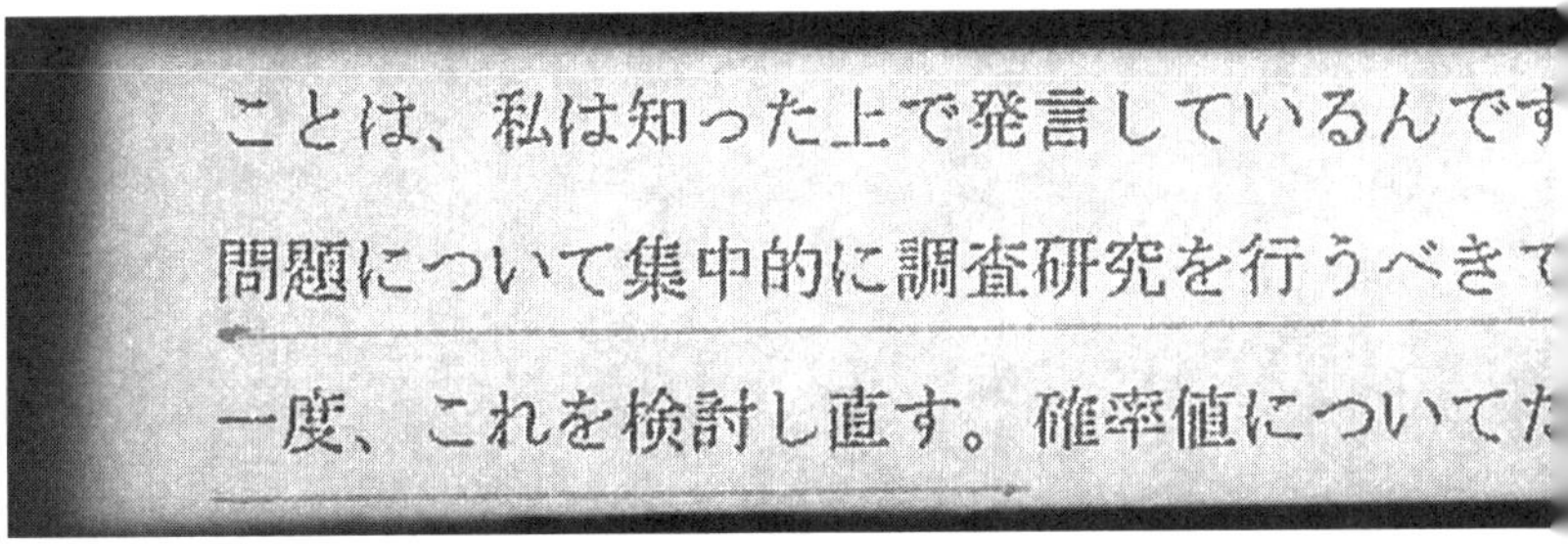
ことは、私は知った上で発言しているんです
問題について集中的に調査研究を行うべきて
一度、これを検討し直す。確率値についてた

合同部会議事録より

しかし、行政・防災側のこうした本音が響いたのかもしれない。地震学側のある委員が「私見」を語り始める。

「この問題は、私はここ3カ月ぐらい毎晩のごとく考え続けて、頭が痛くなっているんですけど、●●のくせに言ってはいけないとは思いますけれども、●●としてではなく、私見を述べます」（●●は黒塗りにされた箇所）

「よくよく考えると、この議論は今、結論を出す必要はないのではないでしょうか。今後、近いうちに新たな成果が出たときに、また更新を迫られる可能性があります。あまりころころ変わったんでは、国民はたまったものじゃない。もう少し地震本部としても、この問題について集中的に調査研究を行うべきではないか、その結果を受けて、もう一度、これを検討し直す」

本人には確認ができなかったが、合同部会に出席していた複数の委員によると、この発言をしたのは当時地震調査委員長だった本蔵義守東京工業大特任教授だった。

「隠すこと」に否定的な意見も

地震調査委員長は、地震本部における地震学側のトップだ。そうした立場の人が公式の場でいくら私見と強調しても、そうは取られない。「地震学側がそう言うのなら」と、安心したように案（3）を選ぶ委員が続々と現れた。

2回目の合同部会で検討された主文に載せる確率の表記案

案(1)	高い確率(60～70%)と低い確率(20%程度)を併記する
案(2)	高い確率を記し、低い確率は参考値として記す
案(3)	高い確率だけを記す
案(4)	高い確率を参考値として記す

「今の●●のお話を伺うと、そもそも地震調査委員会として大上段に振りかぶって、今、発表する必要があるのでしょうか。いきなりこれ（低確率）を公式の成果発表で出したら、やっぱりびっくりします。〈（2）から（3）に変更〉」

司会役をしている委員は「（本蔵氏の）お言葉はぐっと身にしみまして、要するに矢面に立っておられるわけです。それを考えると、そろそろここで何らかの結論を当面でもいいから出さないと」と結論を急がせる。

するとさらに別の委員も「案（3）は先ほど言ったようなデメリット（低い確率を出さないことで、隠したとマスコミから追及される）も当然あるわけで、それを覚悟の上なのかということですが、そこは●●が前面に立つわけで。それは●●が苦境に立って、いろいろ説明に窮することのないように、（２）にしようかと思ったんですけど、ご本人がそういうことであれば、私は●●のご意向に従いたいと思います」と、案（３）に流れていった。

なお、地震本部によると、１３年評価の後本蔵氏が表明したように、地震調査委員会が時間予測モデルの調査研究・検討をした事実はない。

科学的根拠が薄いとの専門家の指摘があるにもかかわらず、時間予測モデル以外の数値を出さないことを、「隠すこと」と感じて抵抗感を持つ委員たちは多かった。

「隠す意図はないわけですから、参考値で主文の中に入れるべきだというふうに思います。案（２）で」

「案（１）でもいいと思っているぐらい。要するに隠さない。隠したと見られないほうがいいので、案（３）とか（４）というのは隠したと見られるのではないかと思います。だから案（１）か（２）」

「説明文に書いてあるということは、やはり主文に全く触れていないということは、私はあり得ないと思います。案（２）で」

「南海（トラフ）地震以外に、ほかの地震が起こる可能性は高いということを知らせていかないといけないと思うんです。そうすると、主文で高確率だけを載せる案（３）にしちゃうと少し隠してしまって、必要な情報が抜けちゃう可能性があるかなという心配はします」

時間予測モデルでえこひいきを続けることで、日本の地震防災のガラパゴス化が進むのではないかと懸念する委員もいる。この委員は、サイスモロジカル・リサーチ・レター（SRL、米地震学会の論文誌）など複数の国際誌で、全国地震動予測地図では確率が低いところばかりで地震が発生しているとの批判がされていることに言及した。

「時間予測モデルの確率は重要な情報だから私はそれは当然出す必要があると思いますけども、ほかの地震がどの程度の切迫性があるか。あと東北地方太平洋沖地震がどの程度のものであったかということを公平に比較できるような情報も国民に発信しないと、そういう国際誌における批判に応えられないと思うんです」

ここまで取材をしてきた私は、「今の時点では時間予測モデルを不採用にはしない」という判断に納得はできた。しかし、両論併記の案まで却下するという判断は低い確率を隠すためとしか思えなかった。実際、このときは多くの委員が「隠すべきではない」と両論併記に賛成していたようだ。私は議事録を読み進めた。

とどめの一言

声の大きさが話し合いを決することはどんな会議でもままあるが、議事録を読む限り、この時もそんな印象を受ける。終盤に強く主張したのは、案（3）を支持する委員だった。

「地震が起きることと、それがどういう災害を起こすかということとは違う。つまり、大都市圏に大きな影響を与え、かつ東京にも長周期でかなり大きな影響を与える地震という意味では、発生確率が同じ、あるいは若干低くても起きてしまったときのインパクトは極めて大きい。大規模災害であればあるほど起きるまでの準備段階に時間もお金もかかるわけですけれども、そこを今、ブレーキを止めることなく進めるべきです」

案（3）を推す別の委員は、低い確率を説明文に載せることすら快く思っていないようだ。

「説明文のほうに（低確率の値が載るということ）は、確率はこんなに下がるんですねと。それが（新聞の）見出しにとられますよということを覚悟しておいてくださいね」

捨てぜりふのようなこの一言が、議論のとどめとなった。これ以降、両論併記に賛同する意見は出ていない。そして司会者が

「今日の濃密な議論で、4つ示された原案の中では案（3）が一番現時点においては適切であろうという判断を下したというふうなことを議事録に書きとどめておいてください」とまとめ、議論は終了。地震学者らが求めた南海トラフの発生確率の両論併記案は、こうして主文から完全に消えていった。

議事録を読む限り、議論の流れをつくった一人は、私見として時間予測モデルを使い続けるこ

とを主張した当時の地震調査委員長の本蔵氏だろう。合同部会に出席したある元委員によると、地震学側は両論併記を推す声ばかりで、主文に高い確率だけを載せるという案に賛同したのは、本蔵氏だけだったという。そもそも13年評価は東日本大震災の経験から、さまざまな地震の発生ケースを想定するという前提で検討していた。そのため時間予測モデルで出した高確率だけを主文に載せるのは、元々の前提に反するのだ。実際、議事録中で意思表明がされたコメントを数えると両論併記である案（1）、（2）と案（3）はほぼ拮抗《きっこう》している。

この元委員は「私はてっきり両論併記で決まると思っていた。だが、トップである本蔵さんが高確率だけを載せる案（3）にするべきだと主張したことで、『地震調査委員長がそう言うなら』というふうに流れが変わった」と当時の雰囲気を語る。

地震学側を代表するはずの本蔵氏は、なぜ多くの地震学者が推す両論併記の案を選ばなかったのか。

「防災の専門家や行政担当者が、地震学者に責任追及をしてみたり、『拒否権を行使したい』と主張したりして強く反発していた。地震本部は政策委員会と地震調査委員会の2本柱で成り立っている。立場上、科学的な正しさより、行政・防災の観点を優先せざるを得なかったのだろう」と同じ元委員は語る。

議論では事務局や本蔵氏が「主文に載せなくても説明文ではきちんと説明する」と言っていた

という。そのため、元委員は低確率も隠すことにはならないと思っていた。だが、１３年評価発表後、完成した報告書を見ると低確率の説明は非常に分かりづらいもので、さらに会見でメディアなどに配布する概要資料では低確率のことに全く触れられていなかった。「会見の場では当然低確率のことも伝えると思っていた。これでは実質隠したことと同じだと感じた」と元委員は振り返る。

本蔵氏が地震調査委員長を務めていた２０１３年3月11日に開催された地震調査委員会の議事録を調べると、名前は黒塗りだが会の代表者とみられる人物が、合同部会でなぜ主文で高確率だけを示す案（３）を選んで発言したのか、地震調査委員らに向けて述べている場面があった。主文で両論併記をするという海溝型分科会の意見が政策委員会に受け入れられなかった理由については

「(両論併記するかしないかの) コンセンサスが現時点で得られているとは思えない。当面改訂するまでは、これまでのやり方をそのまま踏襲するということを、確率表示をする限りはせざるを得ないというのが私の考えである」と述べており、今後については

「調査研究をすすめて、その成果を取り入れ、コンセンサスが得られるような評価が出るまで待つべきだ」としている。

こうした説明に、委員らは納得した、とはならなかったようだ。ある委員は

「非常に強く、主文の方には時間予測モデルを残して、単純平均モデルは入れないでほしいという意見を聞いた。説明文に載っている重要な内容が、主文に載らないわけについて（記者会見で）、説明を求められた時に、正直に話すのか」と詰め寄った。また、海溝型分科会の委員も兼任しているという別の委員は、

「時間予測モデル自体も矛盾をはらんでいるということを理解しておいてもらいたい」と、くぎを刺した。

これらの意見に、代表者とみられる人物は

「まさにそのとおりで、いろんな矛盾をはらんでいる」と同調。そのうえで「残念ながら現時点では改訂できないという苦し紛れの状況にある。我々はやはり時間的に無理をしている。本当はもっと時間をかけて納得できるところまで議論をせざるを得ないが、そうできない事情もある」と語った。

本蔵氏に取材依頼をすると、メールで返答があった。内容は、長期評価が決定されるまでの経緯の概要と、「私としては自然な選択であったと今でも思っています」という、簡単な所感のみだった。これ以上の取材に対して、「私はすでに委員長を退いているので、コメントはできません」と断られていた。

本蔵氏には２０２３年５月に再度、電話で取材をした。議事録の私見を述べた委員の箇所や、

地震調査委員会の代表者とみられる人物の箇所を読み上げながら、この発言が本蔵氏のものかどうか聞いたが
「最近は体調が悪く、きちんとした事を覚えていない。議事録に私の名前が出ているのなら別だが、覚えていないので責任あることは話せない」とコメントを避けた。
本蔵氏は合同部会の場では、地震本部で時間予測モデルについて調査研究すべきだと述べた。しかし、前述したように地震調査委員会はこの後、調査研究を行っていない。本蔵氏は検証チームを作ったり、自ら先頭に立って学会などで議論を促したりする具体策を講ずるべきだったのではないだろうか。その場限りの対応で議論の幕引きを狙ったと批判されてもおかしくないだろう。

「私が文句言った」

そして、もう一人気になっていた人物についてもアプローチした。それは確率を下げようと提案した地震学側に対し、聞いていた話とは違うと追及した委員だ。

この発言者には、思い当たる節があった。名古屋大の減災連携研究センター長の福和伸夫教授だ。

福和氏は建築耐震工学などが専門で、元々は大手ゼネコン「清水建設」の建築士だが、内閣府、

国土交通省など政府の委員会委員をいくつも兼務しており、現在（2023年）は、地震本部の政策委員長を務める。中部圏だけにとどまらず、国内で非常に大きな影響力を持つ専門家だ。名古屋大の減災連携研究センターは「産・官・学・民」の連携を目指し、企業からの寄付により運営が支援されている。センター長である福和氏を受入者とした寄付額を情報公開請求して調べると、中部電力、東邦ガス、清水建設、地震調査会社の「応用地質」などから「寄付研究部門設置のため」などとして2011年度から2017年度の7年間で約6億9000万円の寄付がされていた。マスコミとの結び付きも強い。

福和氏は普段から講演などでも防災意識が低い聴衆がいると「あなた死にますよ」と強い言葉で防災への危機意識を高めさせることが得意で、13年評価の時は、総合部会の委員として合同部会に出席していた。追及したのは福和氏ではないか。そう思った私は福和氏の携帯に電話し、聞きたいことがあると伝えた。

福和氏は「少しだったら、栄（名古屋市中心部の繁華街）で会えますよ」と、その日に取材に応じてくれるというので、私たちは栄にある複合施設「オアシス21」のテラス席のあるカフェで待ち合わせた。しばらくすると福和氏が現れたので、私は議事録を示しながら、早速本題に入った。

「確率を下げたいという地震学側に対し、かなり強い反対があったみたいです。これ、発言したの、先生かなと思っているんですが」

と尋ねると、福和氏は
「そうです。私が文句言っちゃった」と認めた。福和氏は
「時間予測モデルを否定できることが言えたらいいですが、学者たちは当時それを否定できていなかったんですよ。南海トラフは世界で最も危険な地震を起こすということはわかっているんです」と強い口調で話した。

「そうですが……」と私が話し始めようとすると、福和氏は勢いよく続けた。

「今まで、時間予測モデルと単純平均モデルだと、時間予測モデルの方がいいという説明だったんですよ。ただ今回は、急に時間予測モデルの確率に違和感があるので、確率を下げると言い出した。これまでそれで防災対策をやってきたのに、根拠なく全国と同じやり方で確率を出すと言われると、それって防災上いかがなのと思うわけです。時間予測モデルが成り立たないというなら、その根拠を示さなくてはいけない。それより前に全否定することはないでしょう」

福和氏はさらに続けた。

「30年確率はすごく重要な数字で、それなりの影響力があるんです。数字が下がる意味は大きい。国土強靭化計画の話を含めて、いろんなものがストップされることになるんです」

福和氏は急にはしごを外された気持ちだったのだろう。しかし、南海トラフ地震に政策上特別な防災対策が必要というなら、そもそも科学的な検証など必要ないのではないか。福和氏は

「学者たちはモデルがたくさんある中、責任を取りたくないのでどれかに依拠するのが嫌なんでしょう。だから、単純に割り切って平均値を取るという、一番無難な単純平均モデルを取りたい。だけど、この国に影響することをそんな簡単に決めていいんでしょうかね。私からしたら『それなら元々、簡単に数字出さないでよ。いかがわしい数字を出さないで』と言いたい。南海トラフは起きてしまったら甚大な被害を与えるんです」と話した。

「南海トラフ地震の発生確率は今後30年以内に70～80％」という数字は、南海トラフ沿いの地域で防災を呼びかけるうえで枕ことばのように使われてきた。そうした中、完全に間違っていると証明できない段階で確率を下げるということは、防災の専門家らにとっては納得のいかない話だったのだろう。

事前に「落としどころ」の話し合い

合同部会では両論併記案と、主文に高確率のみを記す案（3）を推す意見が拮抗していたが、会議の終わりに司会者は案（3）が適切だと判断した。投票をしたわけでもないのに、なぜそんなにあっさりと決めることができたのか。そのことがずっと疑問だった。当時文科省の地震調査管理官として事務局を務めた吉田康宏氏に尋ねると、「合同部会の前に本蔵氏と、司会をした中島正愛政策委員長（当時）と事務局とで打ち合わせをし、案（３）が落としどころになるだろうと話し合っていた」と、ゆっくりとした口調で核心を明かした。

吉田氏は「打ち合わせで結論を決めたわけではない」と断るが、確率を下げた場合、防災側からは反対が巻き起こり、行政側からも防災計画を練り直すことになったり地震対策の予算が減るなどの影響が出たりして困るという意見が出る可能性があり、懸念があったという。

「時間予測モデルを完全否定できない以上、説明に窮すると思った」

ならば、両論併記にしなかったのはなぜか。私がそのことを問うと、

「防災側から幅が広い確率では対策に使えないとの意見があった。本来なら、今の地震学では確率を一つのモデルに絞って出せないことを防災側に理解してもらった上で、じっくり議論する必要があった。だが、当時は３・11から既に２年がたち、報告書完成を急いでいた」と、吉田氏は語る。

それでは、低確率の説明を記者会見でしなかったり、会見用の概要資料に載せなかったりしたのはなぜだったのか。

「本当は説明したかったが、あまり難しい科学的な話をすると、『簡潔に要点を言え』と言う記者もいるので、限られた会見の時間を有効に使うため、高い確率の説明に集中した」。そして吉田氏はこう続けた。

「低い確率を隠したつもりはない。伝え方をいろいろ考えたが、（報告書は）稚拙だった」だが、報告書は行政・防災側の要望には完全に応じた形でまとめられている。私はむしろ非常に巧妙だと感じた。

私は執筆作業に移った。新聞では特ダネは1面や社会面に掲載することが多い。この話は1面や社会面がふさわしいと思ったが、残念ながらデスク陣の理解は得られなかった。

記事が出たのは「ニュースを問う」という特集面だった。中日新聞で毎週日曜日に掲載しており、記者が関心を持ったテーマについて1ページを使いじっくりと書けるのが特徴だ。大型コラムという位置付けで、記者の視点や主張も交え、突っ込んだ内容も書きやすい。

原稿が書き上がり、連載の題名は「南海トラフ 80％の内幕」に決まった。全7回で、2019年10月20日から12月1日まで続いた。第1回の見出しは「研究者の告発 科学離れた『えこひいき』」だった。（連載は「東京新聞WEB」の「特集・連載」ページからも見られる）。英字紙「ジャパンタイムズ」にも転載された。

掲載後、読者からは大きな反響があった。確率の議論が科学的根拠によらない部分でなされた経緯への驚きや戸惑いの声、公文書の保存・公開の重要性に気付いたとの感想などが多く届いた。中には、「南海トラフ地震がすぐに起きるかもしれないというニュースを見ると、子どもが軽くパニックになり、困っている」と教えてくれる読者もおり、私にとっても気付きとなった。

「脅しの防災」は心理学的にも効果が低いという研究もある。今の防災の呼びかけ方を考え直すうえで、重要な指摘だと思った。

連載は、多くの科学者やジャーナリストの目にも留まり、２０２０年６月、日本科学技術ジャーナリスト会議の「科学ジャーナリスト賞」を受賞した。これを機に、中部地方のブロック紙から発信された南海トラフ確率問題も、全国的に科学記者や地震学者、防災関係者に広く知られるようになった。

第4章　久保野文書を追う

時間予測モデルの根拠

連載を通じて、南海トラフ地震の長期評価では科学的な根拠よりも行政・防災の専門家たちの意向が優先され、今でも30年以内の発生確率が「70～80％」と発表され続けている経緯を明らかにしたが、まだ引っかかる点があった。それは、合同部会で本蔵地震調査委員長が発言した「(時間予測モデルについては)地震本部として集中的に調査研究を行うべきではないか、さらに、その結果を受けて、もう一度検討し直す」という言葉だ。

だがその後時間予測モデルの信ぴょう性について検証した研究はなく、連載の読者からは「もっと時間予測モデルについて、詳しく報じてほしかった」との声も届いていた。「これだけ問題になったモデルだ。やはり、きちんと検証がされるべきだ」と思っていた私は、自ら検証してみようと思い立った。

検証を始めるとしたら、それは時間予測モデルの根拠となっている室津港しかないと思っていた。海溝型分科会の議論では、静岡県から九州沖まで広がる広範な南海トラフ沿いのエリアを室津港1カ所のデータを根拠に予測することに疑問が出たが、京都大防災研究所所長の橋本学教授が室津港の水深データについて「江戸時代の役人が縄か何かで測った」と言っていたように、データの出どころ自体もあやふやだった。

「そもそも、江戸時代に室津港にいた役人が測ったデータだけで、日本の防災対策の指標となるような確率を決めてしまって、大丈夫なのか」

そんな疑問から、元データから調べ直してみようと思った。まずはもう一度橋本氏に、室津港の問題について詳しく聞いておく必要がある。

研究室を訪ねると、橋本氏は、室津港の水深データの原典となった旧東京帝大の今村明恒教授の論文について説明してくれた。

「今村氏は1930年に、室津に住んでいた江戸時代の港役人の末裔《まつえい》の久保野という人物に面会して話を聞いているんです。戦前に出された地震学会誌に掲載されています」

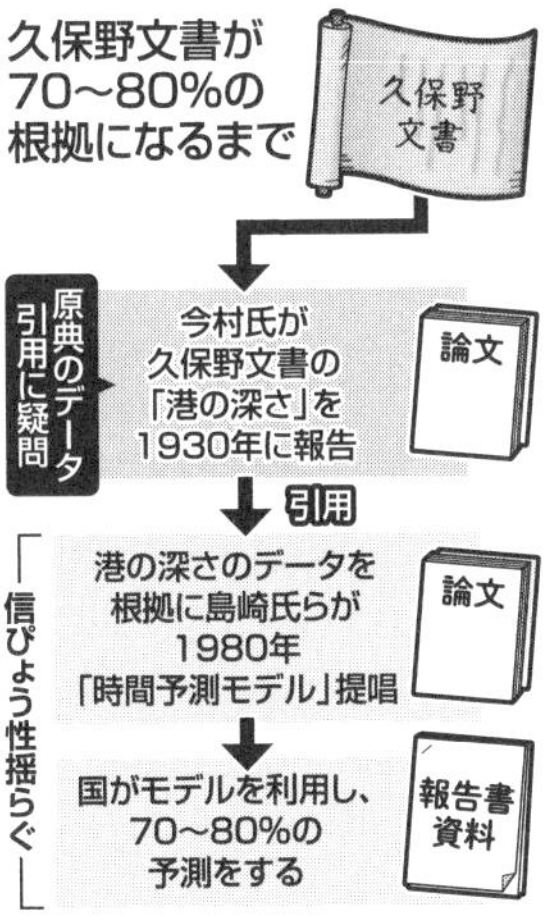
久保野文書が70〜80%の根拠になるまで
久保野文書
原典のデータ引用に疑問
今村氏が久保野文書の「港の深さ」を1930年に報告
論文
引用
港の深さのデータを根拠に島崎氏らが1980年「時間予測モデル」提唱
論文
「信ぴょう性揺らぐ」
国がモデルを利用し、70〜80%の予測をする
報告書資料

そう言って、パソコンから今村論文を見せてくれた。1930年に地震学会誌に掲載されたもので、題名は「南海道大地震に關《かん》する貴重な史料」。3ページの短い論文だった。「予は本年三月末から四月初にかけて四國に出張した折、圖《はか》らずも土佐室津（現在は室戸町）に於《お》て、右に關する貴重な史料に接し、恰《あたか》も大發見《だいはっけん》をなした様な思《おもい》をなしたのである」。論文は、やや興奮

地震　(三六)　四六

南海道大地震に關する貴重な史料

帝國學士院會員
理學博士　今村明恒

寶永四年十月四日南海道沖大地震に伴ひ、四國の東南部が著しく隆起したことは隱れもない事實である。安政元年十一月五日の南海道沖大地震に於ても同樣の現象の起つたことは紀伊半島に於ける狀態から見ても想像に難くないのであるが、然るに斯樣な記事は大日本地震史料にも表はれて居ないのみならず、其後集蒐された史料の中にも見當らないのである。予は本年三月末から四月初にかけて四國に出張した折、圖らずも土佐室津（現在は室戸町）に於て、右に關する貴重な史料に接し、恰も大發見をなした樣な思をなしたのである。左に顚末を記して同好の士の一粲に供する。

今村論文の冒頭

気味な書き出しで始まる。文中の漢字が旧字体なことや、今村氏の一人称が「予」だということに、時代を感じた。

土佐藩では江戸時代に港役人という役目があり、久保野姓の家が、寛永（1624～1644年）以降、代々役目を命じられていたという。今村氏は室津を訪問した際、1930年当時の当主である久保野繁馬氏に面会する機会を得たらしい。久保野氏は寛永以降の記録を多く保存しており、今村氏はその中から興味深い記録を見つけた。それは、「嘉永七寅年十一月四日汐《しお》くるい、同五日大地震後、汐四尺程へり」（1854年11月4日海面が荒れ、翌5日の大地震後海面の高さが1・2メートルほど低くなった）という安政地震直後の港の水位の変化についての記述だ。

この「1・2メートルほど低くなった」という記録の測量の仕方について、今村氏は「港内の海底岩盤を基準として、干潮満潮時の海水面までの高さを測り、それを地震前のものと比較した結果であらう」としている。久保野氏の記録にはさらなる原典があるはずだが、当時は既に散逸していたようだ。今村氏も史料がないことを「遺憾である」と述べている。

今村氏は同様な測量が、安政地震の前の南海トラフ地震である宝永地震（１７０７年）前後にも行われ、次のように記録が残っていると報告している。

宝永地震前
満潮　港内一丈四尺（約４・２メートル）　干潮　港内八尺五寸（約２・５メートル）
満潮　港口一丈二尺（約３・６メートル）　干潮　港口六尺五寸（約２・０メートル）
宝暦九年（１７５９年）
満潮　港内八尺七寸（約２・６メートル）　干潮　港内三尺六寸（約１・１メートル）
満潮　港口六尺九寸（約２・１メートル）　干潮　港口二尺二寸（約０・７メートル）
其後（明和酉＝１７６５年＝の次に）
満潮　一丈三尺（約３・９メートル）　干潮　六尺五寸より七尺まで（約２・０〜２・１メートル）

「宝永地震前」と「宝暦九年」の記録は、港の入り口の「港口」と、港の中のどこかである「港内」のそれぞれで満潮時と干潮時の深さを測ったものだ。今村氏は、この宝永地震前と宝暦

9年の満潮時と干潮時、港内と港口の深さをそれぞれ比べ、その差の平均から「寳永（宝永）大地震のときの隆起は正しく五尺（1・5メートル）程度であつたことが推定せられる」と結論づけている。

この論文に記されている、宝永地震後の室津港の隆起量1・5メートルと、安政地震後の1・2メートルという記録こそが、島崎氏の時間予測モデルの根拠となったデータだ。なお、宝永の1・5メートルという値は、宝永地震前時点の水深と宝暦9年時点の水深の差で、この52年間で変化した隆起量だ。室津港は実際には年5〜7ミリ程度のペースで沈降しているため、島崎論文では52年分にあたる約0・3メートルの沈降量を補正し、宝永地震での隆起量を1・8メートルと計算している。

大ざっぱな元データ

海の平均海水面は大きく変化しないため、水位の高さには地盤が上がったり下がったりすることが反映されると考えられる。そのため今村氏がしたように、水位で隆起量を比べることは可能なのだが、問題はこの測量がどれだけ信頼できるかだ。橋本氏はこう指摘する。

「この論文には、どうやって測量されたかが書いていないんです。江戸時代なので恐らく、縄か何かに重りをつけて海底に沈めて測ったか、竹の棒かなんか使ったんでしょうが」。私が「測るにしても、どこを測ったんでしょうね。港だって、海底の深さは均等じゃないだろうし、港内とか港口といっても、測量のポイントというにはあまりに範囲が広い」と尋ねると橋本氏は、「その通り、非常に大ざっぱですね」と強調した。

これだけでも大きな誤差が考えられるが、橋本氏は「誤差といえば、まだまだあります。まず、この測量時の潮位の影響がどうだったのか、この記録からでは不明です」と言い、気象庁のホームページから潮位データを検索した。

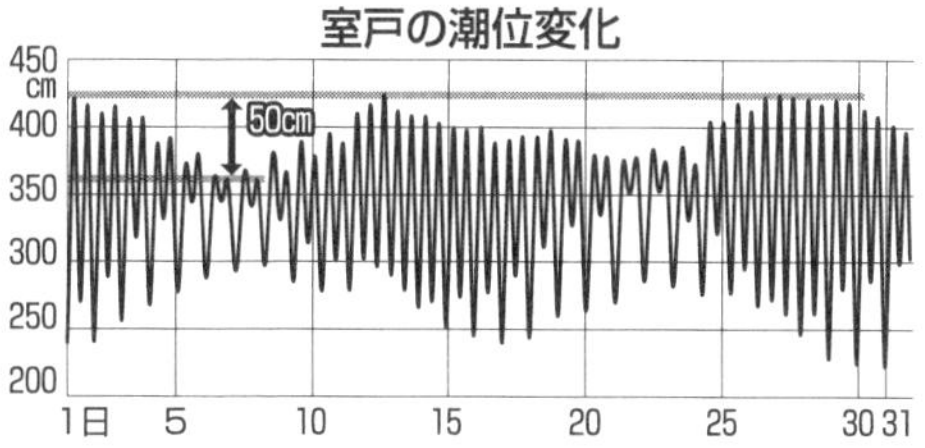

気象庁の室戸岬の潮位資料(2019年10月)を基に作成

潮位は日によっても変化する。気象庁の観測によると、室戸の場合、最も潮が満ちる大潮の日と、潮が引く小潮の日の差は約50センチにも及ぶという。

例えば、今村論文によると、宝暦9年の干潮時の港口水位は70センチだ。この数値に50センチも誤差があれば、データとしては全く当てにならないだろう。

「また、本来は52年間分の余効変動の影響も検討しなくてはいけません」と、橋本氏は矢継ぎ早にモデルの問題点を指摘する。

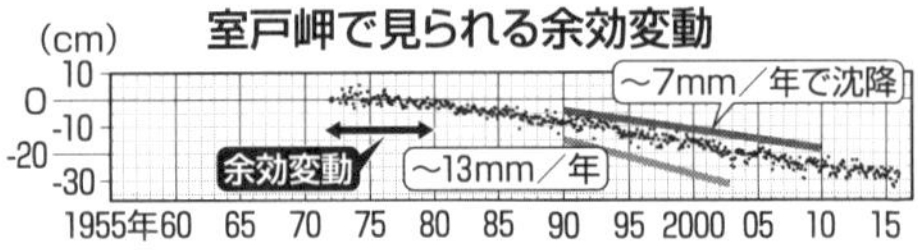

室戸岬では数十年間余効変動が続き、その後年7ミリのペースで沈降していることがわかる（室戸岬験潮場の潮位データを基に作成）

余効変動とは、沈み始めるまでに数年から数十年、沈降速度が遅い状況が続く現象だ。島崎論文ではこの点を考慮せず、地震直後から年5ミリペースで沈降が続いた前提で宝永地震の隆起量を補正しているが（本来なら年5〜7ミリの幅での補正が必要だが）、実際には島崎氏が想定しているような地殻の変動の仕方ではないという。

「さらに言うと、昭和南海地震の隆起量になっている1・15メートルも、実際は十数センチ異なる可能性もあります」

昭和南海地震の隆起量は、ある研究者が1953年に書いた論文で発表した数値だ。この研究者は、海岸の岩石露頭に地震前の最高潮位の跡が残っていたことから、その高さと現地調査した当日朝の満潮時の潮位の差から、隆起量を1・15メートルと計測している。ところが、海上保安庁の潮位推定プログラムで当時の室戸岬の潮位を調べてみると、この研究者が調査した日は最高潮位になる大潮の日の10日後。調査日と大潮の満潮時の潮位は15センチ近く異なるというのだ。

これは大きくずれそうだ。そもそも、江戸時代の数値だ。時間予測モデルでは10センチの精度でデータを利用しているが、やはり無理があるだろう。私がそう感じていると、橋本氏は真剣な表情でこう語った。

「元々古文書の数値なんて、誰も確度が高いとは思っていませんよ。だから、誤差の補正をしてから使うんですが、島崎論文ではそういうことをせず、現代の技術で測量した数値のように使っているんです。これにはやはり大きな問題があります」

確率に50％以上幅が出る可能性も

そうなると、結局どの程度の誤差を考えればいいのだろうか。橋本氏は
「仮に大潮小潮の誤差の50センチを基準に考えるとします。私がざっと計算したところだと、島崎論文で宝永地震の隆起量は1・8メートルで計算されていますが、これに誤差がマイナス50センチあって本当は1・3メートルだとしたら、時間予測モデルではじき出せる30年確率は約40％。逆にプラス50センチの誤差の2・3メートルだった場合、約90％となります。要するに当てにならないということです」という。

90％と40％なら、確率の幅が50％もあることになる。前回橋本氏を取材した際は、時間予測モデルで想定されている沈降速度が、国土地理院の測量した速度と倍近く異なるというモデルの根本的問題を聞いた。それだけでも十分時間予測モデルが破綻していると思えたが、今回はさらに、元データも相当いいかげんなもので、誤差を考えると確率が全く当てにならない可能性があるこ

とがわかった。やはりこの元データがどれだけいいかげんな数字なのかをしっかり調べる必要がありそうだ。

それにしても、国内で時間予測モデルを批判する論文が全く出てこないのはなぜなのだろうか。

橋本氏はその理由を

「多くの地震学者は政府の長期評価にあまり興味がないんです。少しくらい変だと思っても、自分の研究の方が大事ですから」と説明した。

だが、国の防災に大きな影響を与える重大な問題だ。日本地震学会でも問題にならなかったのだろうか。

「医学などは治療の方針にずれがないように、ある程度統一見解が必要になるのかもしれませんが、地震学は真理の追究です。多数決で結論を出すものではないんです。また、実際のところ地震学会はモデルの見解を統一させるほど、まとまりがある学会ではないんです」

しかし、地震学者が検証しないとなると、時間予測モデルのこの中ぶらりんな議論はいつ片が付くのだろうか。

「誰かが論文を出さないと変わらないですね。でも、わざわざモデルを批判するために研究をして論文を書くなんて、どれだけの人がやるでしょうか」と橋本氏は首をかしげる。

確かに、13年評価であれだけ激しく議論を交わした当事者以外、今後この問題を指摘する人は出てこないのではないか。私は橋本氏に「もう先生しか論文を書く人はいないんじゃないでしょうか」と言うと、橋本氏も「それは、私も考えているところです」とうなずいた。

取材を終えた私が次にするべきことは、今村論文の原典になった江戸時代の港役人である久保野家に代々伝わる古文書（久保野文書）を確認することだった。原典に当たれば、水深が測られた当時の詳細な測量方法や測量地点など、これまで不明だったものがわかるかもしれない。今村論文、ひいては時間予測モデルや長期評価の信ぴょう性を確かめるうえでも、今村氏が見た史料と同じものを検証する必要がある。

70〜80％の根拠はたんすの中に

今村論文は島崎氏の論文の索引欄に記されているが、さらにその原典である久保野文書のことは何も書かれていなかった。

とはいえ、確率の根拠となっている古文書だ。約90年前に今村論文で紹介されているならその間、何度も地震学者たちが参照してきたことだろう。私は「高知県の博物館かどこかで、厳重に保管されているに違いない」と当初、楽観視していた。地元に聞くのが早いだろうと、室戸市役

所に電話をかけた。すると担当者は
「南海トラフ？　関係する古文書というのはちょっと聞いたことないですが」と知らない様子だった。

久保野家という一族が江戸時代から管理していた室津港に関する記録だと説明すると、担当者は
「久保野家、久保野家……。ちょっと調べて折り返します」と言って電話を切った。

南海トラフ地震は、日本中が注目する大災害だ。内閣府の被害想定でも、高知県は地震が発生したら大きな被害を受けるとされており、自治体としても対策に力を入れているはずだ。室戸市の歴史資料が南海トラフ地震の確率の根拠になっているというなら、当然知っていると思ったが……。

折り返し電話があったのは、それから一週間後だった。

「遅くなってすみません。古文書自体は見つかりませんでしたが、久保野家の末裔の方が見つかりました。ご自宅に港に関する記録を持っているそうですよ」

古文書を保管する末裔というのは、１９３０年に今村氏が室津港で面会した久保野繁馬氏の孫にあたる久保野由起子さんだ。大きな進展だ。早速電話をした。

「今、政府が南海トラフ地震の発生確率を70～80％と発表しています。実は、この確率は久保野

さんのご自宅にある史料の記録を根拠に算出されていて、その史料を探しているんです」と私が電話で取材の意図を伝えると久保野さんは

「南海トラフ……。ほー……」と、あまりピンと来ていないリアクションだった。これまで政府の担当者や、地震学者から史料を見せてくれと頼まれたことはなかったかと尋ねると

「そういう話は聞いたことないですね。地元の郷土史家の方などにはお貸ししたことはあると思いますが」と答えた。

続けて、史料を見せてほしいと頼んだ。すると久保野さんは

「大丈夫ですよ。史料はうちのたんすにしまってあります。風呂敷で収まるくらいの分量です。ばらばらになってしまっているので、お探しのものがすぐに見つかるかはわかりませんが、興味があるようでしたらお越しください」と言ってくれた。

博物館などで厳重に管理されていると思っていただけに、一般の家庭で風呂敷に包まれ、たんすの中に片付けられていたという事実は予想外だった。また、今村論文や島崎論文が発表された後、原典を調べに地震学者が久保野家を訪れた形跡がないということも意外だった。

久保野文書に書かれた室津港の水深は、時間予測モデルの最大の根拠だが、１３年評価の際「信頼性に疑義がある」と指摘された。南海トラフ地震対策は２０１３年度から２０２３年度までに約57兆円が使われ、さらに２０２５年度までに事業規模15兆円の対策が講じられる国土強靱

化計画の重要な旗印の一つで、地震調査研究関係予算は年間約１００億円（２０２３年度概算要求額）が使われている。古文書は南海トラフ地震の「切迫性」を示す重要な根拠だ。

それなのに、今村論文が発表された１９３０年以来、約90年もの間ほとんど誰も、原典である久保野家の古文書を検証していないのではないか。政府の「ずさんさ」を感じる一方、久保野文書を徹底的に調べれば、何か新しい事実が出てくるに違いないと思った。

京大防災研研究発表会

久保野文書の閲覧許可を取り付けたものの、２０１９年夏には、私は「司法担当」をしていて自由な時間が少なく、なかなか高知県に出張できなかった。

そんな折、橋本氏から私にメールが届いた。

「添付のような発表を来月の防災研究所研究発表講演会で行います。まずは、お知らせまで」

橋本氏が所長を務めていた京大防災研究所は、「東の地震研（東京大地震研究所）、西の防災研」ともいわれる日本の2大地震・防災研究拠点だ。講演会は、創設以来毎年開催されている歴史あるもので、２０２０年は2月に開催されることになっていた。

メールには、橋本氏が講演会で発表する資料が添付されていた。題名は「南海トラフ地震への時間予測モデル適用の妥当性」。南海トラフ地震の30年確率で使われている時間予測モデルの問題点を指摘し、地震本部の決定プロセスに問題があったという主張を述べたものだった。

メールを読み終え、橋本氏に電話をすると

「小沢さんに触発されましてね。やっぱり、私もこの時のことをちゃんと残して、世に発表しなくてはいけないと思ったんですよ」と話してくれた。

橋本氏の発表はメイン会場で行われ、聴講者が大勢入っていた。登壇した橋本氏は、私の取材時説明したように、南海トラフ地震の確率問題の経緯や時間予測モデルの問題点を指摘し、そのうえで13年評価の検討を通して感じたことを振り返った。

「南海トラフ地震について科学的知見が十分でなく、実際に90年で再来した事実がある以上、私は防災面からの議論が優先しても致し方ないと考えます。そのため、政策委員会がコミット（関与）してもいいとは思うのだけど、それなら報告書には、『科学的な結論とは違うが、防災面を重視して、政府はこう考える』と書くべきで、そうしなかったことは批判に値するでしょう」

そして、会場にいる地震学者たちにこう警鐘を鳴らした。

「科学と防災をちゃんと分けないと、科学者はいずれ『オオカミ少年』と呼ばれてしまう。私も政府の委員を8年務め、なあなあで済ませてしまったこともあります。しかし、政府が間違った道を進もうとしているときは、突っ込みを入れる人が必要なのです。科学者としてできることは、これに尽きると思います」

講演会終了後、私は会場から出てきた橋本氏に話しかけた。

「やっぱり久保野文書を確認しに行こうと思っているんです。新聞記者の基本は1次資料に当たることですから」と言うと、橋本氏は

「それは、サイエンスの世界でも同じですよ。私も今回の発表をまとめて、やっぱりわからないことが多いんですよね。だから、古文書の専門家を連れて、文書を確認しようと思っていました」と答えた。

古文書を閲覧したとしても、解析する必要がある。崩し字ばかりの古文書が相手だと、正直、私一人ではお手上げなのは目に見えていた。橋本氏たちが研究チームを作るなら、その検証作業に同行させてもらい、結果を報道するのが最も確実な方法であることは間違いなかった。

しかし、その後新型コロナウイルスの流行で、他県への移動などが制限され、出張が難しくなった。橋本氏も「私も立場上、高知県に行けない状態です」と、お互いに検証は中断せざるを得なくなった。

久保野翁の史料

橋本氏の研究発表講演会を取材した半年後の２０２０年8月、私は中日新聞の東京本社（東京新聞）社会部に異動となった。

よく人に聞かれるが、中日新聞と東京新聞は同じ会社だ。東京には地震本部のある文科省や、中央防災会議のある内閣府が所在する。発行部数は中日新聞の方が多いが、これら府省のお膝元で取材をし、その紙面が直接これらの官僚に届く東京新聞で記事を書く方が、当局への影響力も増すのではないかとの期待があった。

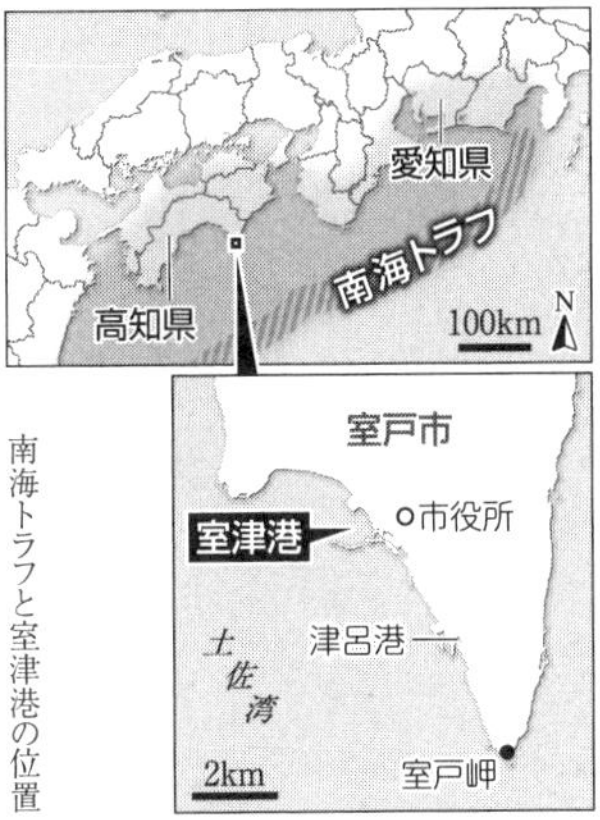

南海トラフと室津港の位置

とはいえ、東京新聞社会部に異動して初めの担当は「東京地検特捜部」だった。この担当は新聞社の中でも特に激務で知られる。上司には南海トラフ地震の取材も、特捜部担当の合間を使って「二足のわらじ」で頑張ってほしいと激励された。だが、始めてみると特捜部担当の多忙さは「わらじ」どころではなく「鉄げた」だと気付いた。到底、合間に地震の取材をする余裕などなかった。

都内で新型コロナウイルスのまん延防止等重点措置が解除され、他県に出張できる程度に行動制限が緩やかになっていた2022年4月。特捜部担当から裁判担当に変わったことで少しゆとりができた私は、今度こそ久保野文書を見に行こうと、久保野由起子さんに電話した。しかし、

「あらー。実はあの史料は高知城歴史博物館（高知市）に引き取ってもらったんです」と言うではないか。私はすぐに博物館に問い合わせた。すると、古文書は最近やっと整理が終わり、公開ができるようになったばかりだという。誰でも閲覧できるということだったので、その場で閲覧予約をし、高知県に出張した。

久保野繁馬氏（久保野由起子さん提供）

博物館に行く前に向かったのは久保野さんの住む室戸市だった。室津港は、高知駅から約80キロの距離にあり、電車とバスで約2時間半を要した。海岸沿いを走るバスの車内からは、春の土佐湾の穏やかな表情が望めた。

久保野さんが指定した待ち合わせ場所は四国八十八カ所霊場の第25番札所の津照寺。807年に、弘法大師（空海）が四国修行で訪れた際その名を付けたという寺で、待っている間にも白装

束のお遍路さんたちが、何人も巡礼していた。しばらくすると久保野さんが迎えに来て、

「よく来てくださいました。どうぞ、うちはこちらですので」

と自宅に案内してくれた。現在の家は、久保野繁馬氏が住んでいた場所に由起子さんの両親が建て直したものだが、90年前に今村氏が「大発見」をしたその場所で古文書について取材するというのは、なんだか感慨深い。

繁馬氏は、室戸では有名な郷土史家だった。調べてみるとそのことを示す記事が、地元紙「土陽新聞」（１９３０年4月23日付）にあった。

記事の見出しは、「全町民に感謝さるる　室戸史跡発見者　久保野翁《おう》苦心を語る」。記事は繁馬氏の顔写真付きだ。あごに立派な白ひげを蓄えていて、確かに、いかにも「翁」といった雰囲気だ。

繁馬氏の研究とは、室戸岬や室津港に関する歴史の調査・検証だったようだ。人柄や評判などについては、

「翁は愛嬌《あいきょう》家で、其《そ》の熱意に対しては中屋町長をはじめ有志等大に感嘆し今や全町翁の調査を天下に誇り得るものと感激と歓喜に満ちてゐる有様である」

と大絶賛されている。

また、記事には今村氏と面談した時のことも記されていた。

久保野文書が保管されていたたんす

「先般今村博士が来町し、室戸岬に地震観測所を設置するにつき地形研究中面会して、地震の記録を示したのに、嘉永寅年の分が参考になり喜ばれました」。この出会いは、繁馬氏にとっても印象深いものだったのだろう。

部屋の隅に古いきりだんすがあるのに気付いた。古文書はこのたんすの一番下の段に、風呂敷に包まれて保管されていたというが、国の防災対策の指標となる30年確率の根拠である重要な史料が、ここに眠っていたとは。改めて驚きを感じた。

久保野さんは、「うちは港の開港をして『港番』という役目を務めていたようです。労働者を雇って港を管理して、藩主から給料をもらっていた家系なんです」と教えてくれた。室戸市史には、久保野家についての記述がある。

それによると、久保野家は元々、長宗我部氏の家臣として長浜（高知市）に居を構えていたという。１５８５年（天正13年）に長宗我部元親が豊臣秀吉に降伏した四国征伐や、文禄・慶長の役（１５９２～１５９８年）にも従軍した由緒ある家柄だ。長宗我部氏滅亡後は、浪人となり、室津港周辺の荒れ地を開拓していたという。１６５３年（承応2年）に当時の久保野家当主の久保野茂兵衛が港番に命じられた際の土佐藩の記録によると、藩は久保野茂兵衛を港口近くに住まわせて、港の保守管理、出入り船の改め方を命じたという。それから１８７４年（明治7年）までに9代の当主が、世襲で室津港番役を務めた。

そもそも、室津港は１６３０年（寛永7年）に藩主の山内忠義の命令を受け、最蔵坊（小笠原一学）が開削したとされている。高知から室戸岬を回る航路は難所で、避難港の意味でも重要な港だったようだ。そのため山内家の参勤交代で立ち寄る港として重宝され、土佐藩にとっての重要な市場だった大阪に向かう寄港地としても大切にされてきたという。

３００年の時を超えて

久保野家で３００年近く保管され続けた久保野文書だが、この数十年間、久保野文書は相続の関係で、いつなくなってもおかしくない状態だったという。繁馬氏から文書を相続した由起子さんの父で11代目当主の幸雄氏は、体調のこともあり１９７０年に漁協に文書を預けた。

「当時は遠洋漁業も盛んでしたし、父は未来永劫《えいごう》、漁協は残ると思ったのでしょう」

その約2年後に父は他界。兄も由起子さんも室戸を離れていた。

文書を高知城歴史博物館に寄贈した久保野由起子さん

室戸に戻ったのは１９９４年。両親が他界し、独身だった由起子さんは実家に移り住むことにした。

「長年家を空けていた私ですが、お墓の掃除や家の周りの草取りをしているうちに、ご先祖様もこの景色を見ていたんだなと、うちの家の歴史が自分の中に流れ出した気がしたんです」

そんな時、ふと古文書のことを思い出した。漁協も衰退し、担当者も変わっていく。「そのうちに史料がどこかに埋もれ、なくなってしまうのではないか」。心配になり、引き取ることにしたという。

だが、自分も年を取る。父の法事の時に、史料をどうするか兄に相談すると、「港のことはなぁ……」と困っている様子だった。都会に古文書を持って行っても仕方ないという兄の気持ちは理解できた。しかし、史料を粗末に扱いたくはなかった。

「この史料にどれだけの価値があるのか、私にはわかりません。でも、埋もれて、忘れられて、なくなってしまうのは、とにかく嫌だったんです」

高知城歴史博物館への寄贈を申し出ると、すぐに館長と担当者が自宅まで史料を見に来て、

「これだけ貴重な史料はありません」と、寄贈が承諾されたという。私が2年前に久保野さんに電話取材した数カ月後の出来事だった。

「本当にほっとしました。これは田舎にいないとわからない感覚で、あのまま東京の雑踏の中にいたら気付かなかったと思います。ここに家があったのでふらっと戻って来ただけでしたが、それが、ご先祖様たちの役に立てたんだわ、と」

一歩間違ったら、久保野家の史料も失われていたかもしれない。３００年も連綿と受け継がれてきた久保野文書に歴史の重みを実感した。一方、この史料に限らず、どこかに眠っているのであろうこうした価値ある史料は、核家族化や少子化など、家庭の形が変わっていく中でますます失われていく。今後それをどう保管し、後世に伝えていくか。今を生きるわれわれが取り組まなければいけない課題であろう。

室戸岬を歩く

久保野さんの取材が終わった後、せっかくなので室戸岬を散策することにした。知見を広げることは一見無駄なように見えても思わぬところで役に立つことがある。この時もそうだった。

太平洋に向かって逆三角形に突き出したように延びる室戸半島の最先端にある室戸岬（室戸

室戸岬(共同)

市)。この周辺は、地質遺産の保護を目的に２０１１年、室戸ユネスコ世界ジオパークに認定された。広さは約２５０平方キロメートルの室戸市全域。プレートの沈み込み運動で起きる巨大地震によって大地が隆起した痕跡が至る所にあるのが見どころとなっている。

室戸は陸地が隆起を続ける地域として有名で、室戸岬は大地誕生の「最前線」といわれる。隆起を続けるのは、海側のプレートと陸側のプレートがぶつかり続けるメカニズムが影響している。室戸岬の沿岸をぐるりと走る国道55号沿いには、室戸市観光協会の観光案内所があった。私は駐在していた案内係に尋ね、地震に関係しそうな、大地の隆起に関するものが見られる場所を回ってみることにした。

まず、「御厨人窟《みくろど》」は室戸岬の観光スポットとして知名度が高い。ここは、１２００年前に弘法大師が悟りを開いたとされる場所だ。波の力によって削られた「海食洞」で、弘法大師は19歳の時に訪れたという。

洞窟は大人が十分に立って歩けるほど高さがある。中には「五所神社」と呼ばれるお社があり、お遍路さんたちが手を合わせていた。

御厨人窟の中で聞こえる波の音は「日本の音風景100選」に選ばれており、耳を澄ますと地響きにも似た波音が聞こえる。弘法大師は、ここでの修行の日々を

「法性の室戸といえどわがすめば有為の浪風よせぬ日ぞなき」

弘法大師が修行した「御厨人窟」

と詠んでいる。これは、「仏教の真理の地である室戸岬であっても、実際に（弘法大師が）来てみれば、無常の波風が寄せぬ日はなかった」と、苦行の日々を振り返っているのだという。御厨人窟は弘法大師でさえ大自然の厳しさや力強さを感じる場所だったのだろう。弘法大師は修行を終えて御厨人窟から出た時、空と海だけの景色を見て「空海」と名乗ったと伝わっている。

だが、御厨人窟から外に出てみると、空と海以外にも、大地が海岸まで広がっていることに気付き、私は「伝説と違うのでは」と思った。

それは、1200年前までは御厨人窟の海抜が約5メートルだったが、現在は海抜約10メートルの高さにあることが関

波の力によって下部側面が流線形にへこんでいる「行水の池」

係する。当時はもっと海と御厨人窟が近く、見える景色も違ったのだ。これも、プレートの沈み込み運動による大地の隆起の影響だ。

　御厨人窟の目の前には、「行水の池」というスポットもある。ここは空海が水浴びをしたという伝説からこの名が付けられたという。池のすぐ横にある岩は、近くに行ってよく見ると流線形にへこんでいる。これは、波の力によって削られた跡だ。つまり、この池はかつて波打ち際にあったことを示しており、大地の隆起により、高い位置まで持ち上げられたことがわかるという。

　他にも、室戸岬ではさまざまな隆起の痕跡が見て取れる。海辺を歩いていると、波打ち際に大きな岩がごろごろと転がっていた。ガイドブックによると、これらの岩はかつて海底にあったもので、この近辺の浜は「最も新しい大地」なのだという。室戸岬は地震で地面が隆起し、かつて海だった場所が陸になる。今、海岸になっている陸地は宝永地震以降、安政地震や昭和南海地震によってできた新しい陸だ。３００年ほどで、これだけ大地が生まれたことに自然のダイナミズムを感じた。

さらに、室津港を歩いていた時、観光案内板を見つけた。地震の影響から港を掘り下げ、港と街の高さに大きな差が出たことから室津港周辺を地元では「港の上」と呼ぶらしく、案内板にはその由来が書いてあった。

確かに、街から港を見下ろすという風景は独特で、お城の堀のようだ。宅地と海面の高低差は7〜8メートルあり、海面が非常に低く見える。「掘り下げ港」ともいうらしい。

海岸付近にあるさまざまな隆起の跡やこの案内板を見た時は、「この地の人々が地震と共生していくためには、いろいろな工夫や努力が必要だったのだな」と思う程度だった。実はこの案内板に書かれたことは今回の確率の問題に関わる重大な鍵となる事実だ。だが、それに気付くのは、まだ先のことだった。

ついに久保野文書と対面

室戸市に行った翌日、私は高知市に戻り、高知城歴史博物館に久保野文書を閲覧しに行った。事前に予約していたので、当日は学芸員の水松啓太氏が出迎えてくれた。

閲覧室に通されてしばらく待っていると、水松氏がファイルワゴンに段ボール一箱分の史料を

高知城歴史博物館に保管されている久保野文書

載せて運んできた。

「こちらが、久保野家の文書です」

段ボール箱に入れられた史料は、種類ごとに封筒に収納されていた。史料数は江戸時代初期から昭和初期の72件80点。室津港の絵図や、普請（工事）に関わる古文書、南海地震や異国船漂着など、室津の地域が遭遇した事件に関わる多様な史料があった。上杉鷹山、熊沢蕃山と並んで「三山」と呼ばれた名政治家・土佐藩家老の野中兼山の土地開発に関する裏書文書など、高知県内でもあまり例がない、貴重な史料も含まれていた。

「今村明恒氏が論文で引用したと思われる史料ですが、これのことかと思います」

水松氏はそう言って早速封筒から原典とみられる「室戸港沿革史」を出し、見せてくれた。（室津とは、室戸の「津」ということからその名が付いたようだが、題名は「室戸港」となっている）

表紙に室戸港沿革史と筆書きされた古びた冊子。A４ぐらいのサイズで、数十枚のページの右端をひもでとじている。これが、南海トラフ地震の30年確率のデータの根拠となっている問題の原典だ。一体、何が書かれているのか。そう思うと、興奮と緊張で冊子を開く手が震えた。

中を見てみると、文字は全て筆書きだが、行書体で書かれており、古い文書を読み慣れていない私でも、なんとか読める所が多かった。章立てになっており、ところどころ絵図もある。読みにくい部分は、水松氏が解釈しながら教えてくれた。

水松氏によると、室戸港沿革史は久保野繁馬氏が１９２７年（昭和2年）にまとめたものだという。役所や学校などの関係各所に贈るためか、複数部作られており、博物館に寄贈されたものの中には同じ題名のものが3部あった。なお、「室津港沿革史」という冊子もあり、これは室津尋常小学校の校長だった杉本利治氏が久保野家の文書からまとめたものだった。編さんされたのは１９１７年で、久保野氏より10年早い。内容はほとんど同じなため、久保野氏は、杉本氏の沿革史を写したとみられる。

「それで、今村氏が論文で引用していたのは、ここだと思われます」

水松氏が該当のページを開いてくれた。そこには、こう書かれていた。

港の深さ

宝永地震前

満潮　港内一丈四尺
干潮　港内八尺五寸
満潮　港口一丈二尺
干潮　港口六尺五寸
宝暦九年
満潮　港内八尺七寸　港口六尺九寸
干潮　港内三尺六寸　港口二尺二寸
其後　年号不明
満潮一丈三尺　干潮六尺五寸
嘉永七寅年十一月四日汐変動
同五日大地震後汐四尺程減す
但寅年より明治十六年未年（１８８３年）迄《まで》三十か年
宝永六丑年（１７０９年）地震より右同年迄百七十五年
（※宝永地震は１７０７年だが、原文にはそれより2年後の時期が記されている）
確かに、今村氏が論文で記載したことと、同じ内容が書かれているようだ。ただ、今村氏は論文で水深の測量方法について、海底の岩盤を基準に海水面の高さを測ったとしているが、原典を見る限り、どこにも測量方法に関する記述はなかった。

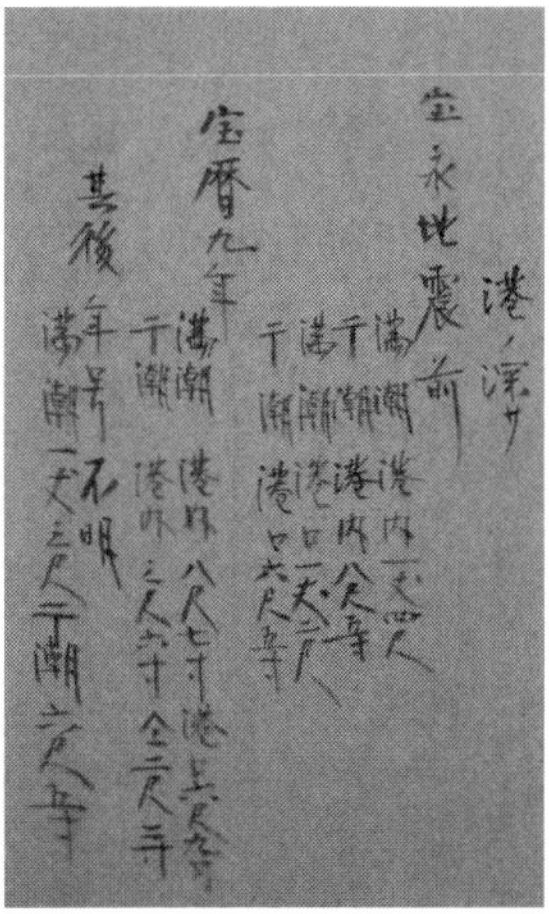

同史に記された港の深さ

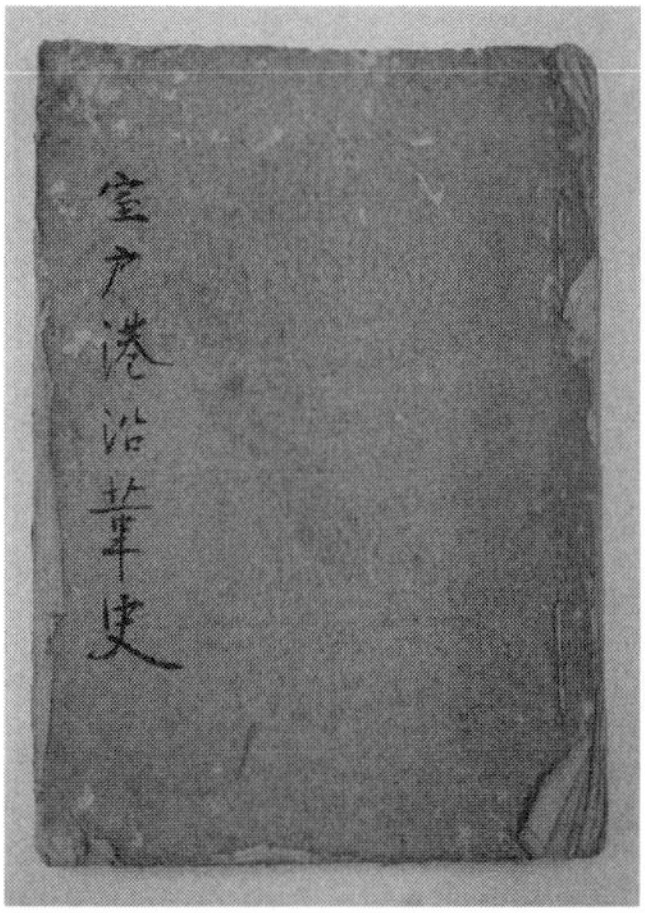

室戸港沿革史表紙

水松氏にも加わってもらい、他の史料の中に測量方法や地点について書かれたものがないかを探したが、現存する史料の中に、そうした記述がされているものは見つからなかった。つまり、これは今村氏の推測だったとみられる。

私は、政府の採用したデータだという勝手な信頼感から、測量方法の記述についても本当は原典のどこかに書かれていたり、他の史料に何かしらの記載があったりするのではないかとも考えていた。橋本氏は、今村氏のデータだけでは誤差があまりに大きく、政府の防災政策の根拠にできるような代物ではないと言っていたが、案の定、水深の数値はあまりに大ざっぱなデータだったということだ。

今村論文と室戸港沿革史には、細かい違いも見つかった。今村論文では水深を測量した時期について「其後（明和酉の次に）」と書かれていた部分があったが、室戸港沿革史では「其後　年号不明」となっていた。これは一体どういうことなのだろうか。水松氏に尋ねると、「もしかしたら今村氏は別の原典も参照し、この年号を書いたのかもしれませんね」と答えた。だが、その原典が何なのかわからず、この時点でこの謎は解けなかった。

　水松氏はこうも教えてくれた。

「細かいですが、今村氏の論文の『明治十六末年』というのは、間違っていますね。『末』ではなく『未』です。昔は年号の後に、その年の干支《えと》を書くのが一般的なんですよ」

　確かに、沿革史を見ても、「末」ではなく、「未」で、下の線が上の線より長い。これは明らかに読み間違いだ。全体の内容が大きく変わることはないが、私は「丁寧な検証はされていないのでは」と直感した。

　史料をコピー代わりに撮影して東京に戻り、橋本氏の力を借りながらさらに検証を進めることにした。

毎年数千人規模の工事!?

東京に戻り、早速橋本氏に連絡した。

久しぶりに近況を聞くと、橋本氏は2022年3月に京都大を定年で退職し、同年4月から東京電機大理工学部建築・都市環境学系の特任教授の職に就いていた。南海トラフ地震の30年確率問題の研究についてはメールで

「南海トラフの件については、アメリカの地震学会の論文誌『サイスモロジカル・リサーチ・レター（SRL）』に投稿し、近々出版される予定です」と、教えてくれた。

米地震学会は世界最大で、SRLは世界的に権威のある論文誌だ。論文の内容は基本的には、2020年に京大の研究発表会で発表したことと同様だが、SRLは査読があることや、世界中の研究者が見るということで重みが違う。論文は、時間予測モデルに対する科学的な批判をまとめたものと、南海トラフ地震の30年確率を巡り、多くの委員が時間予測モデルに疑義を唱えながらも、「防災」を理由に採用した経緯など、行政と科学との関わり方の問題を議論したものの2本立てとなっている。

「この議論は文章として残さないといけない、それも世界の人々が読めるものとして残そうと、

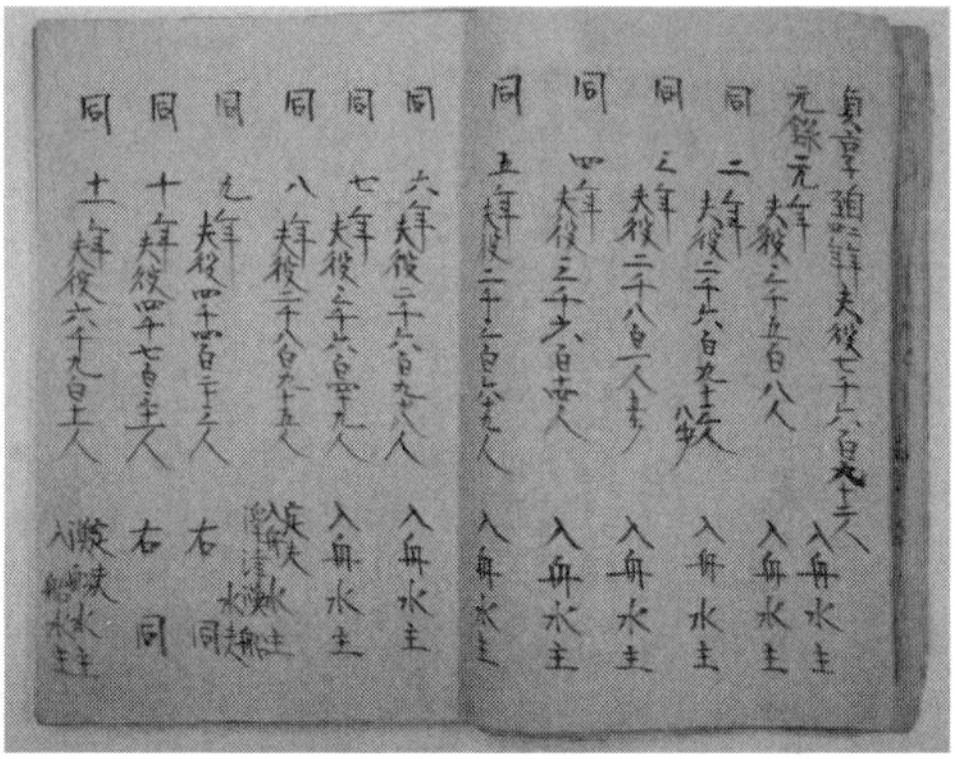

港の工事に動員された労働者数の記録（室戸港沿革史より）

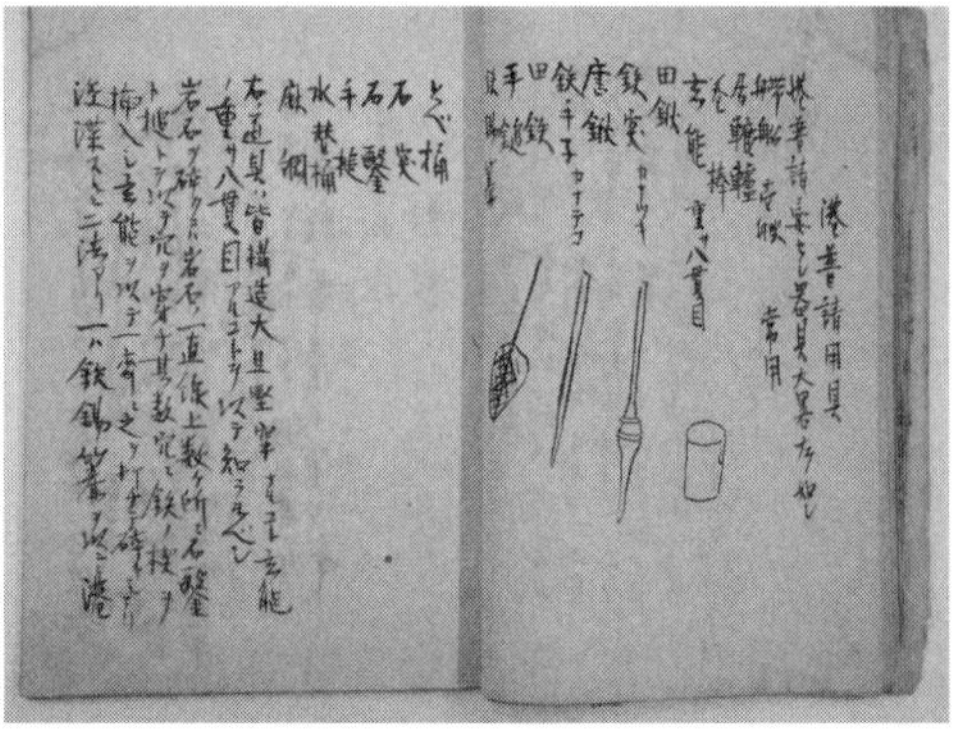

室津港の工事に使われた道具の絵（同史より）

残る力を振り絞って書き上げましたよ」

　かつて研究発表会で「政府委員としてなあなあで済ませてしまった責任を感じている」と述べていた橋本氏。コロナ禍でさまざまな制限がある中で、責任を果たしていた。

　久保野文書について伝えると「ぜひ見せてほしい」とのことだったので、東京電機大の新しい研究室で数日後に会う約束をした。

　東京電機大に行く前に、改めて久保野文書の整理をしていると、港の普請（工事）の記述が、かなり詳細なことに気付いた。特に労働力については、かなり細かい。1685年（貞享2年）から1871年（明治4年）まで12ページを使い、数千人規模の労働者がほぼ毎年動員されていたことが記されている。毎年工事をする理由は一体何か。残念ながら具体的な工事内容までは書かれていなかった。

　工事をした道具の紹介まである。紹介されている道具は、玄能、田鍬《ぐわ》、鉄突、唐鍬、鉄手子、田鉄、手鎚《づち》……。これらは主に金鎚や鍬などの一種で、大きく固いものを掘ったり、たたいたり、砕いたりする道具だ。

　しかも、沿革史にはその道具の使い方まで記されている。例えば、岩石を砕く方法については
「岩石を砕くには岩石の一直線上数か所に石鑿《のみ》と槌《つち》とを以て穴を穿《うが》ち其数穴に鉄の楔《くさび》を挿入し玄能を以て一斉に之を打ちて砕きしなり」

などと手取り足取り、説明がされていた。

　これだけ大勢の人が毎年岩を砕いたりしていたのなら、港の深さにも影響したのではないだろうか。私はそんな疑問を抱くようになっていた。

ヒントは「観光案内板」

　その答えのヒントは意外なところに隠されていた。それは室津港を散策していた時に撮影した「港の上」という地名の由来を紹介した観光案内板の写真だ。私はいま一度案内板をよく読んで

室津港の観光案内板。「港の上」の由来が紹介されている

みた。

「室戸は地震のたびに土地が隆起するので、港の水深が浅くなります。地震で水深が浅くなるたびに、港は何度も掘り下げられてきました」

何度も掘り下げられてきた？

これは港の深さに影響するのではないか。点と点が一本の線でつながったような思いだった。

数百年にわたって毎年行われた工事の記録。港の岩盤を砕く工事の道具の説明。大きな地震の後は、掘り下げ工事が行われていたという地域の歴史。こうした内容は今村論文では触れられていない。だが、このことは後に時間予測モデルの根拠を揺るがす大きなポイントになってくるのだった。

第5章 久保野文書検証チーム

「掘り下げなら根底から覆る」

「おお……、これが……」

東京電機大の埼玉鳩山キャンパスにある橋本氏の新研究所で再会を果たしたが、挨拶も早々に久保野文書の写しをテーブルに広げた。すると橋本氏は身を乗り出し、感嘆の声を漏らした。

まず、室戸港沿革史には、室津港の水深について今村論文とほぼ同じ記述がされていたものの、測量方法や測量日時、場所などの記録がなかったことを説明した。橋本氏は
「まあ、それはきっとそうでしょうな」

と、やっぱりかといった表情で言った。考えてみれば、久保野氏ら江戸時代の港番にとって、水深は港で船が座礁しないために、一定の深さを確保する必要性から測っているに過ぎないはずだ。近代のような正確な測量を求めることがどだい無理なのである。港番も自分の測量した港の深さの値が、よもや300年後に地震を予測する科学の計算モデルの元データとして使われるとは、夢にも思わなかったことだろう。

次に気になっていた毎年の工事の記録を示してみた。

「これだけ毎年工事をしていたら、港の深さに影響しませんかね」と問うと、橋本氏は

「もちろん、その可能性は出てきますね」と答えた。私が「もし、時間予測モデルで引用されている水深が、工事で掘り下げられたものだったらどうなりますか」とさらに質問すると、橋本氏は、

「室津港の水深が時間予測モデルの根拠に使われているのは、それが、地震によってどれだけ大地が隆起したかがわかる数少ない事例だからです。もし、人工的に掘り下げられていたとしたら、そのデータは使えないことになります」と述べた。

とんでもないことだと思った。これまで、隆起のデータだと思っていたものが実は人工的に掘り下げられた港の深さという、全く見当違いのデータだった可能性が出てきたのだ。

しかし、その割には橋本氏の反応は大きくなかった。その理由は、橋本氏は私と会う少し前に室津港の隆起量について指摘したある論文を読み、そうした事情を知っていたからだという。

論文の筆者は、愛媛県の新居浜工業高等専門学校の柴田亮准教授だ。柴田氏も久保野文書について調べており、室津港の深さについても「あの港は何回も工事しているから、深さは当てにならないですよ」と語っていたのだという。

論文は、地殻変動を示唆する古文書など１０３の文献から、約１００カ所の地点でどのような隆起があったかをまとめ、さらに文献の信頼度をＡ～Ｄの４段階で評価したものだ。

論文によると、室戸港沿革史の信頼度は「Ｃ」。「人工改変」されていることが、確度を下げた

理由だった。

こんな論文があるのになぜ議論が起きていないのか。室戸港沿革史は、時間予測モデルの根拠になっているのだから、その文献の信頼度が下がれば、当然モデルの信ぴょう性に疑義が出るはずだ。しかし、この論文が出版されたのは１３年評価の４年後の２０１７年で、内容も時間予測モデルの信ぴょう性については触れていない。こうしたことは議論が全く起きなかった一因なのかもしれない。

港は「人工改変」

とはいえ、これだけで沿革史に書かれた水深の記録は、掘り下げた記録だと即断してよいのだろうか。橋本氏に聞いてみると、

「その可能性は高くなりますが、ざっと沿革史を見る限り『港を掘った』とはっきりとしたことが書かれているわけではありません。それを証明するには、他の根拠で補強する必要があるでしょう」という。

もし宝永地震の際に測った水深の値が、掘り下げ工事の影響を受けているとしたら、30年確率の結果に影響を与える可能性がある。なぜなら、今村論文では宝永地震（１７０７年）で隆起し

た高さを、宝永地震前の水深とその52年後の宝暦９年（１７５９年）の差から出しているためだ。当然、その間に掘り下げられていれば、これまで「地震による隆起量」と思っていた値にダイレクトに影響する。

一方、安政地震については、今村論文では「嘉永七寅年（１８５４年）十一月四日汐くるい、同五日大地震後、汐四尺（約１・２メートル）程へり」という沿革史の一文から、その隆起量を１・２メートルと見積もっている。浚渫《しゅんせつ》工事をする間のない翌日の数値なので、30年確率に影響を与えることはない。

つまり、「掘り下げ工事がされたため、時間予測モデルで算出した30年確率の値は間違っている」ということを証明しようとすると、１７０７〜１７５９年の間に掘り下げ工事がされたという事実や、そうと強く推測される状況を立証する必要があるのだ。

「掘り下げたことが確定的に言えれば、大きなインパクトになりそうですね」

私がそう言うと、橋本氏も「そうですね」とうなずいた。

柴田氏の論文には、なぜ人工改変との評価に至ったのかという根拠の記述はなく、調べる必要があった。

後日、橋本氏から久保野文書を本格的に検証したいので、私が撮影してきた久保野文書を共有させてもらえないかという打診が来た。検証には、地震の史料に詳しい東京大地震研究所の加納靖之准教授も加わるという。取材によって得た情報は、新聞記事以外の目的で使うことは原則ないが、新聞社が社会問題研究のため学識者と共同研究することはよくある。このときは上司と相談したうえで、撮影記録を共有し、共同研究として進めることにした。

「工事」明記の古文書は見つからず

撮影してきた沿革史を何度も見たが、「掘った」とする記述は見つからなかった。もしかしたら、ほかの史料の中にあるかもしれない。水松氏に、ほかの久保野文書の中に掘り下げ工事のことが書かれた記録がなかったか聞いてみたが把握はしていなかった。しかし、「逆に宝永地震から52年間、掘り下げ工事をしないということはあるんでしょうか？」と私が聞くと、水松氏は、

「うーん。あの辺りは地震があるたびに掘り下げている地域なので、大地震があると港は使えなくなってしまいますから。52年間も放置するということがあるかというと……。普通あり得ないですね」と述べた。

大地震があって、掘り下げないということはあり得ない。これが室戸という地域の事情を知る人の一般的な感覚なのだろう。だが、もっと確証がほしい。

柴田氏に連絡したが、多忙のためしばらく取材には応じてもらえなかった。橋本氏も柴田氏が人工改変と評価した根拠までは把握していなかった。

そこで、ひとまず室津港に関連する文献を全て調べてみることにした。「大変記」「聞出文盲」「万変記」「須崎地震之記」「宝永地震記」「宝永大変記」……。調べたのは約10点の文献の記録。大体は戦前の政府の地震研究機関である震災予防調査会がまとめた「大日本地震史料」や、東大地震研究所が出している「新収日本地震史料」などの本に収録されていた。この中には、室戸港沿革史も含まれていた。久保野家に直接原本を見に来る学者がいなかったのは、これを参考にしたからかもしれない。

とはいえ、収録されているのは原典の内容全てではなく、編さん者が地震と関連すると判断した箇所を抜き出し、引用したものだ。原典では掘り下げ工事をした内容があったとしても、編さん者がそれを「地震に関係ない記録」とした可能性もある。収録された室戸港沿革史には、工事の記録や港の工事に使った道具の説明の部分などは、掲載されていなかった。

ちなみに、宝永地震の様子について、宝永地震記は「大地震の後安喜郡津呂室津の湊《みなと》地形上りて荷船の大なるは入津する事不能也」と地震の後、荷物を積んだ船が入港できないほど海底が隆起したことを伝えている。

ほかにも地震の隆起についての記録は多く見つかった。大変記では「津呂・室津陸六七尺

（1・8〜2・1メートル）上る」、万変記には「七八尺（2・1〜2・4メートル）も爾来《じらい》よりゆりあけ高く成る」、「久保野繁馬所蔵記録」には、「五尺（約1・5メートル）水深減少」とあり、地震によって大きく隆起したことは間違いないのだろうが、隆起量の記録にはばらつきがあった。

また、「土佐古今大震記」には、室津港の掘り下げ工事を、強く疑わせる記述もあった。

「津呂　室津の辺は　又七八尺も爾来よりゆりあけ高く成る　これより津呂の港船出入不成　通路不自由なる故　急に御普請ありしかともとの如くならず　それ以来　此湊船の通行不自由に成るなり」（津呂と室津の辺りは7、8尺海底が高くなった。津呂では船の通行が不自由になり工事をしたが元通りにならなかった）

この記述の前半では、「津呂　室津の辺は」とある。室津港から南東に約4キロの場所にある津呂と室津がセットで隆起したことを記している。一方、後半では「津呂の港船出入不成　通路不自由なる故　急に御普請ありしかと」と、津呂のことだけ記している。加納氏は「慎重に見れば、津呂だけを工事したとも読めるが、当時、地元で津呂と室津がセットの港として考えられていたのなら、室津も一緒に工事したと見ることもできる」と説明する。明確に室津港と書かれているわけではないが、一つの根拠となる文書と言えるだろう。

「掘り下げ工事はしちゅう！」

　私は再び「港の上」の観光案内板の写真を眺めていた。すると、ふと「この案内板を書いた人は、なぜ地震のたびに掘り下げていたと言えるのだろうか。何か記録を持っているのだろうか」とひらめいた。早速、案内板に書いてある「室戸ユネスコ世界ジオパーク」に問い合わせてみた。対応してくれたのは室戸ジオパーク推進協議会の専門員小笠原翼さんだった。立て込んでいるとのことだったので、数日後にメールで、

「探していらっしゃる１７０７〜１７５９年までの間で室津港を地震による隆起によって掘り返したというはっきりとした記載はありませんでした」と回答が来た。

　だが、同時に有力な根拠となる資料を添付してくれた。

　それは、「室津古港略記」という室戸市教育委員会が作成した資料だ。略記によると、津呂港での掘り下げ工事について、１７０７年の大地震後と、１８５４年の大地震後に行われたことを示す記述があった。

「室津港のほうには『掘り下げ』というような言葉を使った、工事に関する具体的な記述はありませんが、津呂の港の土地が隆起していれば、室津港についても隆起しているはずで、工事が行

われていないのは不自然ではないかと思います」ともメールにはあった。

津呂港と室津港はその距離の近さゆえ自然から受ける影響も似ており、双子のような存在だ。津呂港で工事をしているならば、室津港で工事をしているはずだということだ。

資料を作ったのは、室戸市の歴史をまとめた「室戸市史」の編さんに関わった多田運《めぐる》さんだという。

「いわゆる『郷土史家』と呼ばれるような方です。多田さんに連絡をとってみてもいいかもしれません」

室戸の歴史研究の中心人物である多田さんには、ぜひ話を聞きたかった。

「小沢さんの調査の趣旨を伝えると『もうそんなわかりきっちゅうことをわざわざ年寄りに聞いてくれんだちえいー!』と、多田さんは笑いながらおっしゃっていました」。紹介をお願いしてから約3時間後、小笠原さんのメール経由で、勢いのある土佐弁で語られた多田さんのコメントが返ってきた。

「記録が残ってなくてもなんでも、大地震のあとには大地が隆起して港として機能せんなるので、掘り下げ工事をしているということや。しかも、津呂港を工事した記録があるということは、室津港の工事をしちゅうということや。誰がなんと言おうとしちゅう」

断定的な強い文面だ。なぜ、そこまで言い切れるのか。ますます話を聞きたくなった。

小笠原さんは、私に連絡先を教えていいか、多田さんに聞いてくれたというが「もうわざわざ聞いてくれんでもいい」と断られたという。

ただ、笑いながら冗談っぽく言ったということなので、小笠原さんはこっそり、

「押したら取材に応じてくれると思いますよ」

と教えてくれた。

断られた手前、小笠原さんから連絡先を聞くわけにはいかなかったが、地元で有名な人物であったため、すぐに突き止めることができた。早速、連絡を入れてみた。

「ああ、小沢さんですね。さっき、ジオパークの小笠原さんから話は聞きましたよ」

小笠原さんの言う通り、取材自体を嫌がっている様子ではなく、話を聞かせてほしいと頼むと快く応じてくれた。小笠原さんと話す時のような土佐弁ではなかった。

「津呂で工事をして、室津で工事していないことは、あり得ないですね。大きい地震の後は、二つとも浅くなるので、漁師の船が入ることができません。大きい地震の後は必ず工事をするんです」

「工事しなくても済むということはないんですか」と私が聞くと

「ないですね」

と多田さんはぴしゃりと言った。それには、幼少期の体験も関係しているようだ。多田さんが小

学校低学年のころ、昭和南海地震（１９４６年）が起きた。

その直後のことだ。

「私は、室津港と津呂港を両方見て回ったんです。どちらの港も同じように海底の岩盤が隆起して、至る所で岩が突き出ていました。当時、『あー、すごい地震だったんだな』と思って、今でも目に焼き付いています」

その後、港は復旧工事がされ、掘り下げられたという。

「とにかく、地震の後は工事をしないと、港が機能しません。この目でその様子を見ています」

それを表しているのが、「港の上」と呼ばれる室津港の独特な形だ。

地震による隆起によって現れた、室戸岬の波打ち際に転がる岩

「港の水面が道路から見たら深いですが、元々深く掘ったわけではない。漁師町だから、船を係留できないといけない。地震が起きるたびに浚渫工事をしないと港は使えない。だから高さに違いが生まれてくるんです」
室戸港沿革史には、毎年工事が行われていたとの記述がある。掘り下げるだけなら毎年しなくても済むのではないか。

「そんなに簡単なものではありません。人の手で岩場を鏨《たがね》とトンカチでかんかんと砕いていくのです」

津呂港を開港したときの記録によると、土佐中の鍛冶屋をほとんど津呂に集めて工具を作らせて、３万人を集めて工事に当たったという。

地震のたびに隆起する港の海底を掘り下げた室津港。水面と住宅地に大きな高低差がある（室戸ユネスコ世界ジオパーク提供）

「もっとも、この人数は少し眉唾ですが、港を掘るということはすごく労力のかかることで、10年20年かけてやらないといけない作業なのです」

また、多田さんによると室津港には「後免」という地名があり、これも工事が常時行われていたことを示す根拠だという。

「ここは、港の工事のために集められた人たちが暮らしていたんですよ。とにかく人手が必要だったので、ここに住む人たちは特別に税を免除されたんです」

土佐藩がいかに室津港を重要視していたかがわかる逸話だ。ますます、宝永地震から52年もの間、掘り下げ工事が行われていないことはあり得ないという実感を強めた。

「とにかく、江戸時代は工事といえば浚渫工事のことを指すと言って過言ではありません。そして、浚渫工事とは海底の土砂を取り除くだけでなく、隆起した岩盤を掘り下げる工事のことも含めるのです」

そう強調する多田さん。しかし、なぜ津呂には掘り下げをしたという記録があるのに、室津にはないのか。

「津呂に記録があるといっても、地震後の復旧対策として一文『掘った』と書いてあるに過ぎません。それくらい、掘るのは当然なのです」。そして、「その日の漁で生活している漁師町は、年間を通して計画的に耕作する農耕の集落とは違って記録が残りにくく、むしろ久保野文書が残っていることの方が奇跡といえます」とも言う。室戸の歴史や地域の特性を知る多田さんだからこそ、説得力がある話だった。

結局、室津港に関しては「掘った」とする記録は見つからなかった。だが、室戸港沿革史に残された工事に動員した労働者や海底を掘削する道具の記録、港の呼び名や地域の名前の由来にもなる工事の歴史、約4キロ離れた双子港の掘り下げ工事の記録、多田さんが目撃した昭和南海地震後の土地隆起のすさまじさ。全ての証拠が「宝永地震後の掘り下げ工事があった」という方向を指している。

時間予測モデルは仮説で、地震が本当にモデル通りに起きているかの証明はされていない。それでも、元データが地震による隆起量であると考えるのなら、そう考える側に相応の根拠が必要だが、今村論文は査読付き論文ではなく、そこまで深い検証や議論がされた痕跡もない。

私はここまでの取材で、室津港では掘り下げ工事があったものと考えても問題ないと確信した。しかし、記事として世間に出すうえで、専門家による久保野文書の検証が必要不可欠だと思っていた。

原典の原典の原典は写し⁉

※この項からやや混み入った話が続きます。時間のない方は「提唱者の反応は？」まで飛ばしてお読みください。

取材からしばらくたった２０２２年８月、私は司法担当から科学担当に変わった。検証に大きな進展があったのはその直後。橋本氏から研究チームのメーリングリスト宛てに「久保野文書についての新しい知見」と題されたメールが送られてきた。

メールによると、橋本氏は８月下旬に高知城歴史博物館に赴き、私が閲覧した時よりもさらに幅広く原典を確認したという。

橋本氏の高知出張の大きな収穫は、「手鏡」と題された史料だった。江戸時代に書かれた冊子で、当時は手帳のように使われたという。筆書きの崩し字のため、素人に解読は難しい。発見者

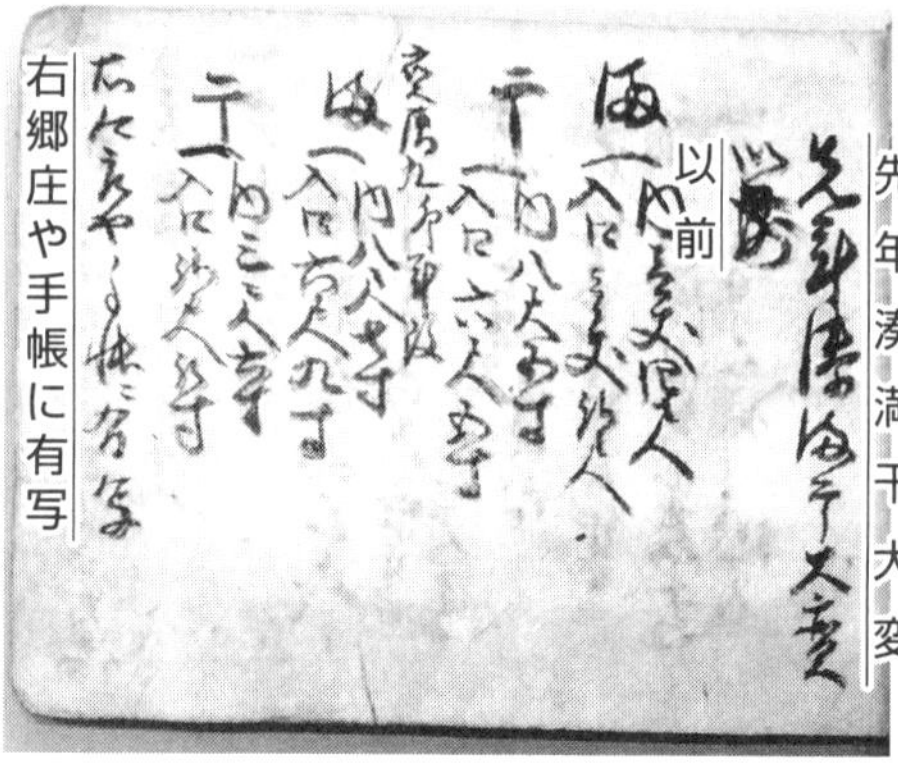

「手鏡」の記述。室戸港沿革史で「宝永地震前」と記されている部分が、手鏡では「先年湊満干大変以前」とあり、港の水深の記述の後には「右郷庄や手帳に有写」と、記録が別の史料からの写しであると記されていた

は学芸員の水松啓太氏だった。

まず驚いたのは、手鏡は室戸港沿革史の原典とみられる史料だということだった。特筆すべきは、最後の行に「右郷庄や手帳に有写」（村役人の手帳にあったものの写し）と記されていたことだ。

つまり、島崎論文で使われている室津港の水深データは今村論文が原典になっており、その今村論文の原典は室戸港沿革史で、さらにその原典が手鏡……。「原典の原典の原典」が見つかったということになるが、その原典も、村役人が手帳に書いていたものの「写し」だったということだ。

私たちにとって、この発見は非常に大きなものだった。沿革史には、毎年工事に参加した労働者の数や、海の底を掘るための道具の紹介など、港に関する記録が詳細に残されているにもかかわらず、深さについては、いつ、どこで、どう測ったのかなど、極めて重要な情報が抜けていた。私たちはそのことを疑問に感じ、別のどこかに記されている部分があるのではと、さまざまな史料を探しに探したがついに見つからなかった。

しかし、測量をしたのが久保野家ではなく村役人で、しかも久保野家はそのデータを写しただけで自らは測量をしていなかったとしたらつじつまが合う。久保野家も測量の詳細な情報を持ち合わせていなかったということになるからだ。ただ残念ながら、村役人が測量した元データは見つかっていない。

今村氏も手鏡を見ていたはずだが……

手鏡と沿革史を見比べると、他にも港の測量について記した部分で違いがあった。沿革史では水位の測定時期として「宝永地震前」と記されている部分が、手鏡では「大変以前」と記されていたのだ。「大変」とは地震だけでなく、飢饉《ききん》など広くトラブルを指す。手鏡はメモ帳のように使われていたことから、必ずしも書かれている順と時系列が一致していない。そのため、大変が本当に地震だったかどうかを特定する根拠がないのだ。なお、手鏡が書かれた後の１８８３年に編さんされた「室津港手鏡」には、「宝永六丑年（１７０９年）大変」とあり、宝永地震より２年後の時期が「大変」として記されている。

例えば、港の管理者にしてみれば地震だけでなく台風なども大きな関心事で、そうした被害の記録かもしれない。もっとも、史料には誤記も多く、１７０９年という記録も１７０７年の書き間違いだという可能性は否定できない。また、手鏡が書かれた時代までの期間で歴史上起きたトラブルを考えると、大変を宝永地震と考えることに妥当性は高い。だが、もし違えば、30年確率の根拠は完璧に崩れる。慎重な検討が必要だと言えるだろう。

また、水深の測量時期に関する記述の部分で、沿革史では「年号不明」となっていた箇所が、今村論文では「其後（明和酉＝1765年＝の次に）」と異なる記述がされていた点は、博物館で初めて沿革史を見た時からずっと疑問だったが、手鏡の発見によって謎が解けた。

「年号不明」または「其後（明和酉の次に）」と記された箇所は、手鏡には

明和酉八月大時化西波戸大破（1765年8月の大時化《しけ》で西波戸が大破した）
戌春武市弁介普請（1766年春に武市弁介が担当して工事をした）
先年湊内堀（以前、港内を掘削した）
満某か壱丈三尺（満潮時に約3・9メートル）
干某か六尺五寸より七寸迄（干潮時は約2・0～2・1メートルとなった）
右之通添付庄屋反古之内に有見出し記す（庄屋の裏紙に書いてあったものを記した）

とある。

「明和2年（1765年）8月に海が荒れて港入り口の西側の岸壁が崩れ、翌年の春に武市弁介が普請をした」という項目と、「以前、港内を掘削した　満潮時に約3・9メートル　干潮時は約2・0～2・1メートルとなった」という項目が列挙され、なおかつ、すぐ下には「明和年港内堀」と書かれた付箋が貼ってある。今村氏はこれらを見て、ここに書かれている水深は工事をした年に測ったものだと考え、「其後（明和酉の次に）」と記したのであろう。

だが、先ほど指摘したように、手鏡の記述は時系列順ではない。水松氏によると、普請をしたと書かれた項目と、掘削をしたという項目につながりはなく、別の時期の出来事だと考えられるという。事実、それぞれ沿革史を書いた杉本氏と久保野氏は、二つの項目を関連付けしておらず、水深についても「年号不明」としている。

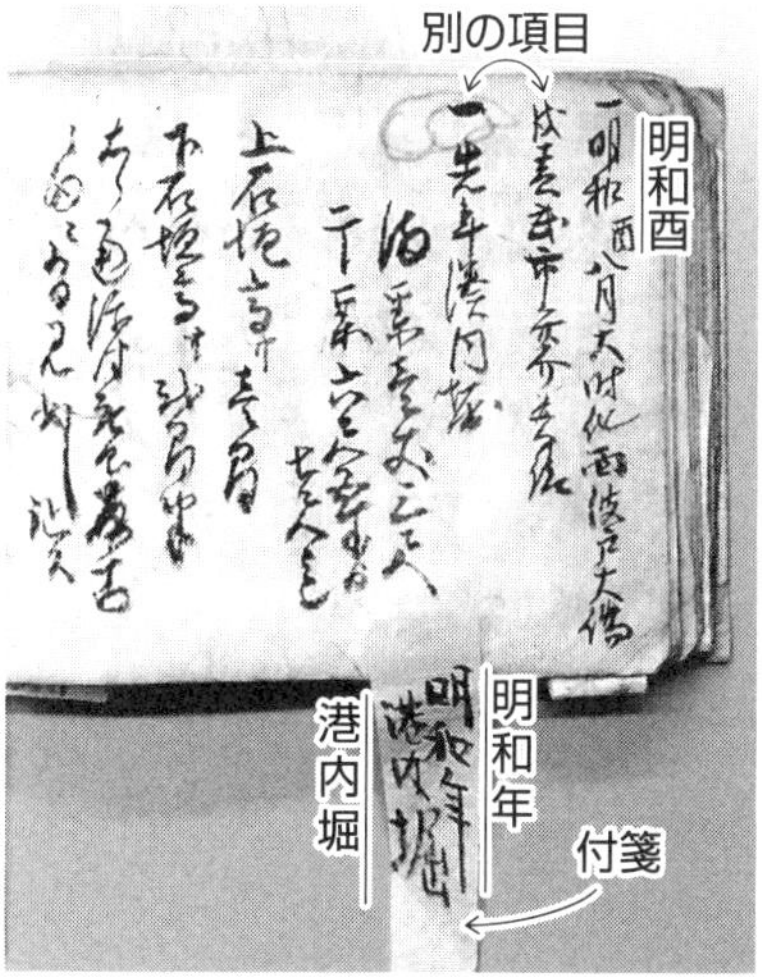

「手鏡」の記述。「戌春武市弁介普請（1766年春に武市弁介が担当して工事をした）」と「先年湊内堀（以前、港内を掘削した）」は、別の時期の出来事だが、下に「明和年港内堀」と付箋が貼ってあることから、今村氏は同じ時期の出来事と誤解したとみられる

ここで重要なのは、「明和酉」という時期の記述は、手鏡の中に「しか」登場していないということである。つまり、手鏡を見ない限り「明和酉」という年号が出てくるはずはなく、この

年号を記しているということは、今村氏が手鏡を閲覧したということになるのだ。

だとしたら、「右郷庄や手帳に有写」という記述を必ず目にしたはずで、水深の記録が他の史料の写しであることはわかったはずだ。古文書を読み解く際、その記録は著者が直接見聞きしたものなのか伝聞なのかは、史料の信頼性を測るうえで非常に重要な情報だ。記さなかったのは重大なミスと言えるだろう。

前述したように、今村論文は、原典では「明治十六未年」のところを「明治十六『末』年」と書き間違えている部分もある。また、論文の冒頭では、久保野文書を見つけたことを「大發見をなした」と書くなど、大喜びした様子が目に浮かぶ。喜びのあまり、久保野文書に対し、慎重な検討を加えていなかったのではないだろうか。

見つかった工事の記録

掘り下げ工事の実態にさらに迫る史料も見つかった。それは室戸港沿革史に含まれていた室津港を真上から描いた絵図だ。久保野氏が写したものとみられ、延宝七未年（１６７９年）に竣工《しゅんこう》した際の図とされる。

特徴的なのは、絵図の至る所に、港の深さが記されていることだ。満潮干潮ごとに、10カ所の

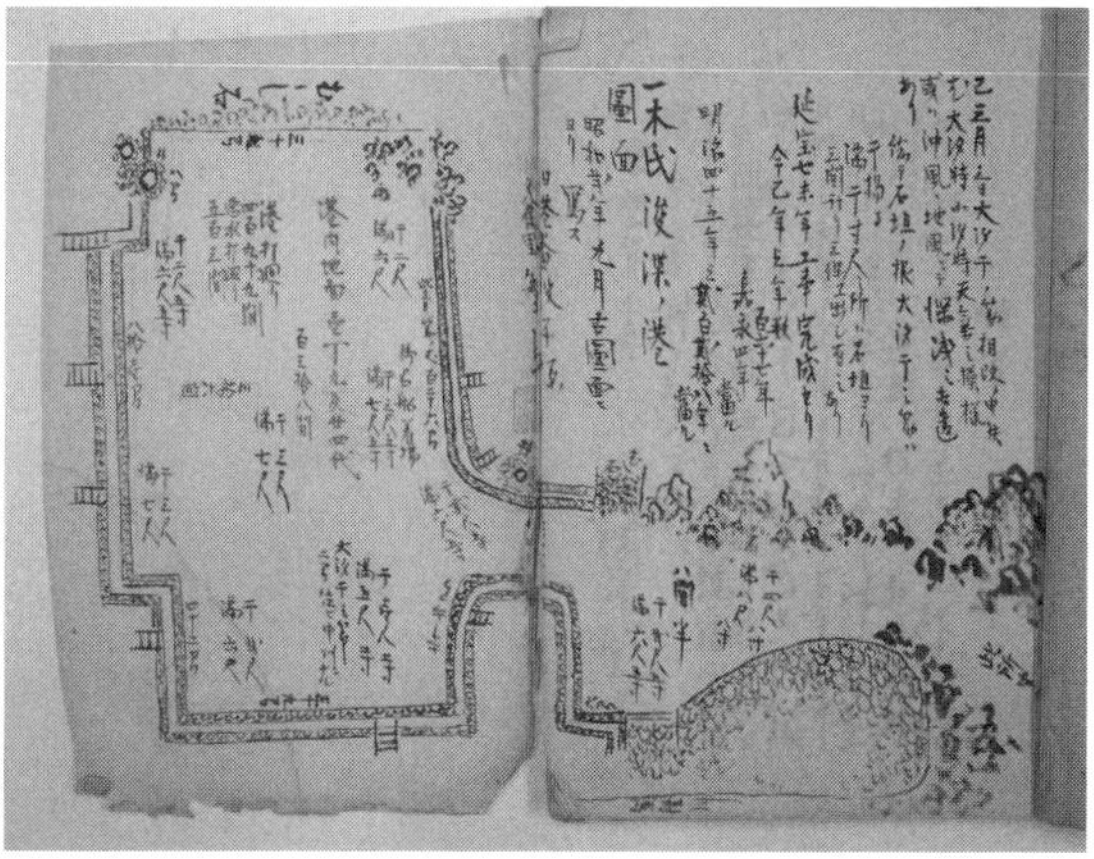

室津港を真上から描いた絵図（室戸港沿革史より）

測量値が書かれている。これを今村論文で引用されている「宝永地震（１７０７年）前」の記録と比べると、興味深いことがわかった。

一つは竣工から地震前までの約30年での最も深い部分の変化だ。絵図の中で港内の一番深い地点は満潮時２・３メートル。一方、宝永地震前の最深は港内の満潮時の４・２メートル。実に約２メートルの差がある。

久保野文書とは別の史料だが、元禄年間（１６８８～１７０４年）に土佐藩が江戸幕府に献上した「元禄土佐国図」には

室津堀湊

入口　長五十間　幅七間三尺　深二尋（約３・６メートル）満潮

湊内　長百四十三間　幅三十八間　深二尋三尺（約４・５メートル）満潮

潮のみちひにかまひなし、難風の時船入かたし

とある。これらの史料に書かれた水深を時系列順に並べると、１６７９年の竣工時、一番深い地点は満潮時２・３メートルだったのが、１６８８〜１７０４年には満潮時に４・５メートルと深くなり、宝永地震前の最深部は満潮で４・２メートルになっていることがわかる。測量した場所が必ずしも一致していないので正確に比較はできないが、竣工後も深くなっているようだ。

大地震が起きて地盤が隆起すると、その後は年数ミリのペースでゆっくりと沈降していく。ざっくり考えると室津港の場合は、現在の年約7ミリのペースで沈降するとして、30年で沈降するのはせいぜい21センチ。２メートルという差は自然には生まれないのだ。つまり、この差は人工的に掘り下げられたことで生まれたもので、竣工後も、常態的に掘り下げ工事がされていたことを示している。

計測年	史料	最深部
1679年	室戸港沿革史(絵図)	2.3メートル
1700年頃	元禄土佐国図	4.5メートル
1707年より前	室戸港沿革史(水深記録)	4.2メートル

各年代の港の深さ

これまで指摘したように、宝永地震から宝暦9年までの52年間に掘り下げ工事がされていたとすると、室津港の水深の変化は地震の影響によるものだけとは言えなくなり、時間予測モデルのデータとしては信ぴょう性を失う。絵図からわかった工事の実態は、その可能性を補強する根拠といえるだろう。

掘り下げ工事がされたという根拠はそれだけではない。沿革史を詳しく見ていくと、具体的な

西暦	被害と工事内容
1719	港口算用ばえ除去
22	西波戸破損（長さ25間、横16間、高さ平均2間）、修繕（1728年まで）
30	灯明台の東から港口延長30間浚渫
31	灯明台東の下（長さ7間、高さ6間、厚さ1間）、同所上土手（長さ7間、高さ4間、厚さ3間）、西波戸2カ所崩壊（長さ7間、高さ4間、幅1間）
45	西波戸崩壊
47	御分一西の下（港西側?）土砂崩壊（長さ12間、横6間）
48	港口船通り奥堀浚渫
49	港口船通り井の前浚渫
57	大波で西波戸崎、その他崩壊、川筋打ち腰巻き崩壊、修繕
65	暴風雨で西波戸その他崩壊、1766年に修繕
75	大普請
78	灯明台周辺崩壊、修繕
79	中ばえ除去
89	港口船通り、灯明台東の下井、御座船つなぎ場所、少しずつ浚渫
1820	浚渫（委細不明）

室戸港沿革史にある室津港の修繕記録（橋本氏まとめ）

修繕記録が見つかった。しかもその中には、海底の深さに影響した可能性がある工事も見つかったのだ。

例えば、沿革史には港口に暗礁の一つ（中ばえ）が宝永地震時に隆起したという記載があるが、修繕記録を見ると、１７１９年には港口にあった算用ばえ（岩礁群）を除去したとある。沿革史に残された記録だけでも、修繕工事は数年から十数年置きに、港の至る所で行われている。もはや、水深の変化に工事が影響していないと考える方が難しいだろう。橋本氏はこうした根拠などからも、今村論文の水深データは自然による隆起ではなく、人工改変が影響している可能性が極めて高いと結論付けた。

手鏡を調べると、そもそも測量に用いられた竿の長さの基準自体も、複数あることがわかってきた。手鏡の表紙裏には、

一　普請方之竿　六尺五寸を六尺にもる

一　地方之竿　六尺三寸を五尺にもる

と書かれていた。長さを測るための竿には普請方之竿と地方之竿の2種類があり、この記述は、それらで測った量を「正しい」値に変換する割合を示している。

加納氏によると、地域や用途によって長さの基準が違う竿が使われていたことはよくあったのだという。問題なのは、室津港の水深をどちらの竿で測ったかという記述がないことだ。もし地方之竿で計測されていたとしたら、26％長く記録されていることになるが、確かめるすべはない。

確率は38〜90％!?

島崎論文で1・8メートルとされていた宝永地震による隆起量は、検証を進めた結果、不確定な要素が多過ぎることが明らかになった。このため、橋本氏は他の史料に記されている水深の記録などを踏まえつつ、宝永地震の隆起量を1・4〜2・4メートルと試算した。

この試算値を時間予測モデルに当てはめると、確率はどうなるだろうか。時間予測モデルは第2章で述べたように、島崎論文で想定されている沈降速度の値が国土地理院の測量値と倍近く違っているなど、さまざまな矛盾がある。だが、橋本氏はそうした問題をいったん脇に置いて計算した。

隆起量が最大の２・４メートルである場合、次の地震は２０１４年の時点で既に発生していたことになり、確率は２０２２年時点で90％となる。一方、１・４メートルの場合は、次の地震の発生は２０６１年で、確率は２０２２年時点で38％だ。

１３年評価では、両論併記により「20～70％」と幅広い値を示すと「行政担当者が防災計画に使いにくい」との指摘が出て、それが時間予測モデルの値だけを主文に残す一つの要因になった経緯もある。もしこの新たな試算に基づけば、確率は38～90％と非常に幅広く示すことになり、時間予測モデルも同じ理由で「使えない」という判断になる可能性もあるだろう。

なお、この試算には潮位変化などによる誤差は含んでおらず、それらを含めると結果には０・３～０・５メートルの誤差が加わると考えられ、確率の幅はさらに広くなる。

今村氏は過去の地震に関する資料を収集し、その多くは「日本地震史料」などに収められている。こうした調査研究に基づき、今村氏は三つの論文を発表しているが、順を追って見ていくと、宝永地震による室津港の隆起について考えに変遷が見られる。

１９３０年の論文では、

「記録に拠《よ》れば、室津及び津呂は七尺乃至《ないし》八尺（２・１～２・４メートル）隆起した様である」

となっている。これは、「万変記」の「津呂室津の辺はまた七八尺も爾来よりゆりあけ高く成る」

1932年当時の今村明恒氏

という記述に一致する。

だが、その後の同年3月に久保野文書を見た後に書いた論文では、

「正しく五尺（1・5メートル）程度」

と改めた。さらに
「室津に於ては寶永年度に於ける隆起六七尺（1・8〜2・1メートル）程度なりし様記録に残って居るけれども、港役人久保野氏實測の結果によれば五尺程度なりしことが正確であらう」としている。ところが、3年後の論文では、

「寶永年度の大地震に於いては、紀伊半島の傾動は安政の場合にほぼ等しく、室戸半島のものは稍《やや》大きく、室戸町における隆起は六尺程度であった」

と揺れているのだ。久保野文書を見た後にもかかわらず、なぜ「6尺」と考えるに至ったかは不明だが、「5尺」を確定した数値として扱うことに、今村自身も戸惑いがあったのかもしれない。

ここまで見てきて、今村論文には重要な情報がいくつも抜けていることに気付く。まず室戸港沿革史では、毎年のように実施された工事の記録があった。毎年数千人規模の労働者が動員されているというこの記録を見て、港に何か変化があったとは考えなかったのだろうか。

そして前述したように、手鏡が写しであることを論文に記さなかった理由も不明だ。一方、今村氏は記録が現代に残った理由について、「久保野氏観測の結果」との説明をしている。だが手鏡を見た今村氏は、観測は久保野氏によるものではなく、村役人が行ったものであることがわかったはずだ。見落としたのか、あえて載せなかったのかは不明だが、いずれも論文に載せるべき重要な情報だ。

今村氏の検証には批判されるべき点があるのか。加納氏に聞いてみると「そうとも言い切れない」と見解を語る。

「地震の歴史研究は明治から大正にかけて盛んに行われたんですが、当時は手に入る資料が少なく、比較検討すべき地震学の知見や観測も貧弱だったので、間違いがあることは、ある程度仕方ないんです。むしろ間違いが修正されることで、歴史上の地震の研究が進んでいくんです」

その上で、こうした不適切なデータが確率に使われた経緯を考えれば、その責任は使う側にあったと指摘する。

「今村氏は江戸時代の史料を紹介したに過ぎません。問題なのは確率予測をする際、江戸時代のデータをそのまま検証もせず、実測値のように引用したことだったのではないでしょうか」

再検証必須だった13年評価

島崎氏の著書「地震と断層」（1994年）では、今村論文を見つけた時の感動をこう振り返っている。

「地震の時の隆起量は、私たち地震学者にとってみれば、第一級のデータである。しかし、江戸時代の人々にとっては、とくに記録に残す価値のあることとは思えなかったのであろう。いろいろ調べるうちに、やっと1地点でデータを得ることができた」

そのデータの引用元となる論文を書いた今村氏も、前述したようにデータの原典である久保野文書を見つけたときの感動を論文の序文で「大發見」と興奮気味に記している。

橋本氏は、時間予測モデルが検証されないまま確率算出に使われていた問題の根底に、研究者たちの感情の先走りがあるとみる。

「自分の仮説に沿った情報やデータが発見されると、研究者はどうしても十分な科学的検討をせずに、公表してしまうことがある。そうしたものを他の研究者たちが無批判で受け入れ、それをベースに研究が進んでいってしまうのは危険です」

橋本氏はそのうえで、海溝型分科会の委員を務めた身として、自戒を込めてこう言った。

「再検証すべきだったのに、ずさんだった」

　13年評価で時間予測モデルの採用について議論になった際、本来ならそこで、このモデルをきちんと検証すべきだったのだろう。だが、過去の文献を全く振り返っていないことがわかる象徴的な場面が議事録に残っていた。

　それは、2013年2月21日合同部会でのこと。時間予測モデルの問題点を説明する事務局担当者が、勘違いをしているのだ。

「宝永地震というのは江戸時代なんですが、この時代にもこういった隆起量がわかるというのはまさに驚異的だと思うんですけれども、これは江戸時代の役人がきちんと毎日、潮位をはかっていたといった日々のルーチンワークの賜《たまもの》という形で我々がこれを使うことができるわけです」

　述べてきたように、江戸時代の室津港の水位が書き残されているのは「毎日」分ではなく、宝永地震前と1759年、安政地震直後など数回分だ。

　実際、13年評価の報告書の参考文献欄に、島崎論文は記載されているが、その原典である今村論文は入っていない。あれだけもめた時間予測モデルについて、振り返りすらしなかったのは、地震本部の落ち度だろう。繰り返すが合同部会で、当時の地震調査委員長は暫定的に時間予測モデルを使った高い確率を踏襲する代わりに、今後モデルについて調査・検討をすると言及したが、その後この問題には誰も触れていなかった。そうした点も、もちろん批判されるべきだろう。

提唱者の反応は？

橋本氏と加納氏との共同研究の結果、

①久保野文書に記されていた宝永地震前後の室津港の水深の記録は、久保野家が測量したものではなく、村役人が測量した記録を写したものであること

②そのため、測量時期や測量地点、測量方法など詳細な情報は、久保野文書に残っていないこと

③宝永地震の前後も含め、室津港では毎年のように数千人規模の人員を動員し、工事をしていたこと

④宝永地震前に測量したと思われていた水深の記録も、全く違う時期に測量した記録である可能性も捨てきれないこと

⑤水深を測った竿の長さの基準に問題があること

⑥これらのことを今村氏が論文で指摘していないこと

⑦宝永地震による室津港の隆起は1・4～2・4メートルと推定され、仮にこの値を時間予測モデルに当てはめると30年以内の南海トラフ地震の発生確率は38～90％と非常に幅広く

示さなくてはいけなくなること

などがわかった。

そもそも、時間予測モデルの提唱者である島崎邦彦東大名誉教授は、今村論文の原典となる久保野文書に当たったのだろうか。

議事録に関する取材の際、島崎氏に直接会うことはかなわなかった。今回も会ってもらうのは難しいだろうか。島崎氏に「室津港の古文書を取材したところ、今村論文で地震隆起量とされていた数値は、実は地震の影響だけによるものではない可能性が浮上しました。一度お会いしてご意見いただだけないでしょうか」とメールを送ると、島崎氏から

「重要なお知らせ、ありがとうございます。現物、あるいはその写しをお持ちでしたら、ぜひ拝見したいと思います」と丁寧な返信が来た。

意外だった。慌てて、古文書の写しを持ってこちらから伺うと伝えると、

「お勤めは中日新聞東京本社でしょうか。こちらから、お邪魔いたします」と、足を運んでくれるという。

取材当日、島崎氏を会議室に通し、雑談をしながら久保野文書を広げると、

「ほぉー……」

と言って身を乗り出し、古文書を見始めた。まるで、ワインや骨董《こっとう》品のコレクターが、幻の一品

を見つけた時のような反応だ。出張から帰ってすぐ橋本氏に久保野文書を見せた時も同じような反応をしていたことを思い出した私は、科学者の知的好奇心にすがすがしさを感じた。

島崎氏は久保野文書を読んでいたのだろうかという疑問をぶつけると、島崎氏は久保野文書に目を落としながら
「原典は読んでいません。僕はこれを全然知らなかった」と振り返った。

しかし、島崎氏が引用した今村論文は1930年の論文で査読も付いていなかった。そういう「論文」を再検証しないで引用することに問題はなかったのか。

「そう言われたらそうですが、普通、(引用元の論文の筆者は)うそを書きませんから。今論文を書くとなったら、まずこれ(久保野文書)を読みますよ。手元にあったらね」

こうした話をしながら、橋本氏らと検証した内容を伝えると、説明を聞き終えた島崎氏は少し間を置いてからこう話し始めた。

「いろいろ疑問があることはわかりますけど、時間予測モデル自体は室津港のデータにそれほど依存していないのです」

島崎氏は、時間予測モデルは室津港のデータ以外も根拠にしているという。例えば、島崎氏らの1980年の論文では、室津以外にも南房総と喜界島のデータを使っている。

三つのデータのうち、隆起量と、次の地震の再来間隔の相関関係を示した階段グラフが一番き

れいに表されていることから室津港に注目が集まりがちだが、時間予測モデルそのものを完全に否定するには他のデータでも成り立っていないことを示さなくてはいけない。

島崎氏の主張は、室津港のデータにもし問題があるのならば、そのデータをモデルの根拠から削除してしまえばよく、大きな問題ではないというものだった。

「時間予測モデルは揺るがないというのが、僕の主張です」

だが、南海トラフ地震の長期評価のことに絞ると、話は変わってくる。なぜなら、現在30年以内に70〜80％の確率で発生するという予測は、室津港のデータだけを根拠にしているからだ。確かに、０１年評価の時は「断層長」など室津港のデータ以外にもさまざまなデータを当てはめて検証し、根拠の補強を図った。しかし、それらは１３年評価の際、委員らから「（結果に）合うデータだけを使っているに過ぎない」と批判が出て、不採用にしている。

30年70〜80％は完全に破綻

私たちが30年確率に時間予測モデルを使うことが適当ではないと考えるのは、室津港のデータの怪しさだけではない。国土地理院が室津港周辺で測量した沈降速度と島崎論文で想定している年間13ミリの沈降速度に倍近い差があるという矛盾もある。

これまで説明した通り、時間予測モデルでは、沈降速度は次に発生する地震の時期に影響する。時速50キロの車と100キロの車とでは目的地に着くまでの時間が倍違うように、年間7ミリと13ミリでは次の地震の発生時期が全く異なるのだ。なぜ年間13ミリのペースで計算されているのかを尋ねると、

「それは単に（隆起量と再来間隔の相関性を示したグラフの点を）結んだだけですよ」

と答えた。どうやら、この点は島崎氏にとっても盲点だったようだ。続けて私が

「しかし、実際の測量では、室津付近の沈降速度は年間5～7ミリです。倍ぐらい違う。13ミリで計算されているから、次の地震は約90年後になっていますが、もしここが5～7ミリだとすると、次の地震が来るのは今世紀末以降になってしまう。このことは長期評価にも関わるのではないですか」と尋ねると、島崎氏は

「それはそうです」

と、矛盾を認めた。私は、それにより長期評価に及ぶ影響についてもこう聞いた。

「長期評価は室津港のデータを基にしています。そこに矛盾があるとすると、南海トラフの30年で70～80％という確率は算出できないのではないですか」。すると島崎氏は

「まあ、その通りですね」

とうなずいた。

なんと、島崎氏も現在の「30年以内に70～80％」という確率が成り立たないことを実質的に認めたのだ。

島崎氏はそれでも「そうだとすれば室津港のデータを使わなければいい」「細かい問題はあるかもしれないが、大きい地震があると、次の地震の再来間隔が長くなるという理論自体は揺るがない」と、モデルの正当性を主張する。

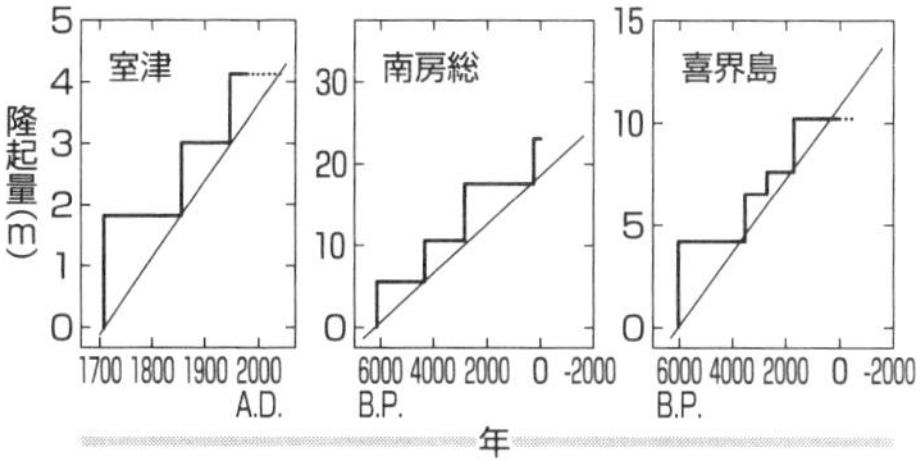

島崎氏の論文で示されている、3カ所の階段グラフ

だが、室津港のデータは時間予測モデルの理論の正しさを証明するうえで最も説得力のある実例であったはずだ。このデータを使わないとすると、モデルの信ぴょう性にも影響するだろう。また、仮に島崎氏が主張するように室津港のデータを外すとなると、１３年評価は室津港のデータだけを頼りに算出しているので、70～80％の確率が破綻することは間違いない。

島崎氏の関心は、時間予測モデルの「考え方」は正しいのかという点にあり、あえて言えば確率が「30年以内に70～80％」かどうかはどうでもよく、時間予測モデルという理論が成立していることが大切なようだ。島崎氏の考え方はいかにも科学者らしいが、社会は「30年以内に70～80％」という具体的な数値に反応しているのも事実だ。島崎氏の反応にはやはり違和感を覚えた。

関係者たちは「ノーコメント」

現在の確率が破綻しているのなら、地震調査委員会は改めて検討すべきではないのか。島崎氏に意見を求めると

「それは今の人たち（委員）が決める問題だと思いますよ。実際彼らは責任あるんだから。おかしいと思ったら直すべきで。僕がどうこう言える立場ではない」と答えた。

しかし、島崎氏は提唱者で、時間予測モデルを30年確率に採用した責任者の一人でもある。コメントする責任があるのではないかと少し厳しい問いかけをすると

「いやいや、論文を書いたら、それはもう僕のものではないですよ。それをどう料理しようとみなさん次第です」と返した。公にされた科学論文は、すでに社会の共有物であり、自分の手を離れているということなのだろう。こうして島崎氏は最後まで「ノーコメント」を貫いた。最後に私は、橋本氏が米地震学会の論文誌ＳＲＬに投稿した論文のコピーを差し出し、いつでもいいので読んだらコメントをもらいたいと頼んだが、ついに受け取ってもらえなかった。

現役世代はどうか。現在、地震調査委員長を務める平田直東大名誉教授に聞いてみることにし

た。メディアの囲み取材などで数回しか会ったことがなかったが、電話をかけるとその場で対応してくれることになった。

久保野文書の話に入る前に、まずは、橋本氏のＳＲＬの論文について尋ねた。１３年評価が決定された経緯や、時間予測モデルを批判的に論じたものだ。すると平田氏は１３年評価の確率問題について

「私は、時間予測モデルを使おうが単純平均モデルであろうが、防災対策が必要だというメッセージになると思っています。また、報告書を読めば確率はどちらのモデルのものも書いてあるわけです。高い確率だけを出すのに問題があると思うのであれば、メディアが単純平均モデルの確率を取り上げればいいというだけの話です」と話した。

平田氏は１３年評価当時、地震調査委員と政策委員を兼務していた。確率の出し方にもし問題があるというのなら、その責任はメディア側にあるというのだ。

だが、低い確率が目立たないように主文に両論併記するのを避ける判断をしたのは、地震調査委員会だ。合同部会の議論の中では委員からも「隠したと思われる」との反対意見が出たはずだ。こうしたことを尋ねると

「行政側には一番高いものを出したいという意図があったわけですよ。それは、ある意味で防災対策の行政上の判断なので、それはそういうこともあるだろうなというのが私の考えです。橋本

氏が学術誌に問題を指摘するのは構わないけど、それと防災対策とは全然違う話です」と答えた。

今回は、久保野文書を検証した結果についての取材だ。私は話を戻し、結果を説明するので対面取材に応じてほしいと依頼した。だが、平田氏からは、

「それは科学の問題としては興味深いものだけど、私はご存じの通り委員長ですので。コメントはないですよ」と断られてしまった。

新たな知見という意味でも、委員長には聞いてもらう必要がある。私は今回の調査は、現在の70～80％という確率を揺るがしうる研究だと重要さをアピールしたが、平田氏は
「そんな、たいしたことではないでしょう」

と言い、こう続けた。

「時間予測モデルの不完全性や、南海トラフ地震の確率を室津港のたった1地点のデータで出すことは、最初から問題になっているわけですから。そんなものは普通の学術的な論文だったらだめですよ。そういうのを承知のうえであの確率を出すという判断なんです。そのデータが少し新しくなったからといって、確率が変わることはないと思いますけど」

そしてこうも語った。

「いろんなモデルがありますが、どのモデルも科学的に完全に正しいという証明はされていません。そんな状況で、われわれは合理的な範囲で妥当なモデルを使って計算をして、その結果を総

合的に判断するんです。そこに行政の判断が入ることは、私は当然のことだと思います」

どのモデルもある程度「いいかげんさ」がある中で、行政の要望を配慮して決めているに過ぎないのだから、それを詰めて調べたところで影響はないということだろうか。それでは、地震調査委員会が13年評価で時間予測モデルを採用する際、今村論文や久保野文書の検証をしなかったことをどう思っているのだろうか。

「科学というのは前の業績に基づいて論文が書かれるわけです。少なくとも島崎さんの論文は査読論文なので評価されていますし。島崎さんの引用した論文の元までひっくり返して調べることはしないですよ」と、一般的な対応だったことを強調した。

調査発表の場に政府委員らも

2度目に取材したのは、一連の取材を報道した後の2022年10月にあった地震調査委員会の定例会見だった。改めて平田氏に

「久保野文書を検証したところ、時間予測モデルや南海トラフ地震の長期評価に疑義が出てきた。この報道について、どう思いますか」と尋ねた。すると平田氏は

「疑いが出たかもしれないが、正式な論文が出てから評価したいです」

と、正面からのコメントを避けた。

なお、地震調査委員会の見解は、全て「正式な論文」に基づいているものではなく、論文化されていなくても、研究発表会で公表された資料などが検討材料として使われることは多い。橋本氏はこの会見があった時期には「日本自然災害学会」の研究発表会で講演を終え、資料も公開していた。

3度目は、2023年5月に開催された日本地球惑星科学連合大会で橋本氏が久保野文書の研究成果について講演した会場だった。政府の委員を務める地震学者らもずらりと顔をそろえ、その中には平田氏の姿もあった。講演終了後、私は会場の廊下で平田氏に再び尋ねてみた。すると平田氏は
「室津港のデータに幅があることはよくわかりました。今後も研究が必要ですね」

と述べた。

この日の講演で橋本氏は、長期評価の根拠となっている室津港の隆起量が宝永地震の場合は1・8メートルとするのには問題があり、1・4〜2・4メートルの幅で考えるのが妥当と発表した。しかし、これによって長期評価が38〜90％になるという試算結果には時間の都合などから触れていなかった。

私は平田氏に「今は1・8メートルという数値で確率を出しているが、幅を含めて計算すれば

東京新聞

2022年（令和4年）9月11日 日曜日

病床使用率(%)	重症者病床使用率(%)	自宅療養者数(人)	救急搬送困難事案件数(週間件数)	陽性率(1週間平均%)
46 3日 → 40 10日	7 3日 → 7 10日	83,808 3日 → 38,081 10日	2,168 ~28日 → 1,775 ~4日	37.1 2日 → 32.2 9日
66 2日 → 53 9日	20 2日 → 17 9日	71,199 1日 → 37,961 8日	432 ~28日 → 320 ~4日	—
57 2日 → 50 9日	16 2日 → 15 9日	52,268 2日 → 28,246 9日	231 ~28日 → 144 ~4日	56.3 2日 → 49.4 9日
54 1日 → 42 8日	10 1日 → 8 8日	44,586 1日 → 31,721 8日	233 ~28日 → 168 ~4日	37.7 27日 → 35.2 3日

「南海トラフ地震」確率に疑義

根拠の地盤変化 工事原因の可能性

70~80%→「再検討を」

本紙・東京電機大特任教授ら調査

三十年以内に南海トラフ沿いで巨大地震が発生する確率を「70～80%」としている政府の地震調査委員会の地震予測を巡り、確率算出の根拠となっている高知県室戸市の室津港の地盤隆起の変化が、地震活動によるものではなく、江戸時代の港湾工事による可能性のあることが、本紙と東京電機大の橋本学特任教授（地震学）らの調査で分かった。

橋本特任教授が十九日に滋賀県で開催される日本自然災害学会で発表する。以前から南海トラフの三十年確率には信ぴょう性を疑う声もあり、今後の議論に影響を与えそうだ。（小沢慧一）

▶原典の吟味不十分24面

70～80%という確率は一九八〇年に島崎邦彦東京大名誉教授（地震学）らが提唱した「時間予測モデル」を使って算出され、次の地震を二〇三〇年代中ごろと予測している。このモデルは、地震により地面が大きく隆起すれば、それだけ地震のエネルギーが多く放出され、次の地震のエネルギーを蓄えるため長く時間がかかるという仮説だ。江戸～昭和初期の史料に記載された、室津港の隆起による海底の深さの変化の測量記録から、次の地震発生時期を予測している。

ところが、室津港で江戸時代に毎年のように工事が繰り返されていたことが、本紙と橋本特任教授の文献調査で分かった。人工的に港の深さが変えられた可能性が強く、予測の基となるデータとして室津港の測量値は不適切な可能性が出てきた。

さらに、文献から、測量誤差が生じることが明確になった。文献には測量時期や測量地点など、詳細な記録はない。現代の観測では、室戸の潮位は大潮と小潮の時間で約五〇ギの差があるが、モデルではその差も考慮されていない。橋本特任教授が現在のモデルで誤差を考慮して試算すると三十年確率は50%程度まで落ちた。

橋本特任教授は「信ぴょう性が相当程度疑わしいことが明確になった。確率の再検討は不可欠だ」と指摘する。

地震調査委員長の平田直東大名誉教授は「専門家の間でモデルを否定する意見が醸成されるのを待つ必要があり、今は見直しの予定はない」と話した。

南海トラフ地震30年確率問題 海溝沿いの地震予測は、相模トラフ沿いなど全国6カ所で発表されている。南海トラフはその中で唯一「時間予測モデル」という手法を使っており、高知県・室津港の隆起データから、70～80%と算出している。他の地域のように、地震の発生間隔を平均した「単純平均モデル」を使うと20%程度に落ちる。2013年の地震調査委員会での南海トラフ確率策定時は、地震学者らが時間予測モデルの信ぴょう性を疑問視。「せめて20%という数値も両論併記で公表するべきだ」との案も出たが、防災の専門家らは「防災予算が下りなくなる」などと猛反発し、時間予測モデルが採用された。

備え必要 変わりなく

解説　地震調査委員会は時間予測モデルを、二〇一三年の三十年確率策定時に「信ぴょう性に疑問はある」としつつも「完全に否定できる学説はない」として、採用した。その後はモデルの適否を巡る議論はなく、今回の論文は、時間予測モデルを根拠とした南海トラフ地震予測に一石を投じる格好だ。

時間予測モデルを使わない場合、確率は20%に落ちるが、この値も、いつ地震が起こってもおかしくない高い確率で、備えが必要なことに変わりはない。

モデルには根拠を疑う意見があったが、高い確率を示し防災予算獲得を狙う声にかき消された。意図的に南海トラフの確率を高く見せ防災を促すことは、国民に正しい危機意識をもたせることにはならない。影響は他の地域にも出ている。

二〇一六年に熊本地震が起きた熊本県は、南海トラフ地震に比べて発生確率が低いと宣伝し、企業を誘致していた。確率が低く見える地域に油断が生まれ、被害を拡大させた可能性がある。北海道の被災地では「次は南海トラフだと思っていたのに不意打ちだ」と涙する人もいた。

地震大国日本は、いつ、どこで地震があってもおかしくない。政府や専門家は確率の上下に振り回されず、科学的にどこまでのことが言えるのか議論を重ね、今の地震学の実力を示した上で丁寧な説明を続けない限り、「万が一」への備えとはならない。（小沢慧一）

25年 東京でデフリンピック

新型コロナ　地域の状況 21　国内感染者数 2

中日新聞東京本社　〒100-8505 東京都千代田区内幸町二丁目1番4号 TEL 03-6910-2211

きょうは何の日　たんぱく質の日　多くの人にたんぱく質摂取の大切さを知ってもらうために明治が制定しました。18歳以上の男性は1日60グラム、女性で50グラムの摂取が推奨されています。

きょうの紙面　せたがやペイ、地域を循環 25　自治体のポイント還元事業が流行するなか、東京都世田谷区が地域通貨を活用した独自の取り組みを展開中だ。

福島原発の汚染水処理に懸念 25　福島第一原発の汚染水処理で発生する廃棄物の保管場所が来春に満杯となり、浄化設備を動かせなくなる恐れ。

あす朝刊休みます　きょう11日は新聞製作を休み、12日の朝刊は休刊します。ご了承ください。東京新聞

2022年９月11日の東京新聞紙面

確率は38～90％になり、今の確率は導き出せなくなる」と伝えると
「その試算の話は、今日の発表ではされていませんでしたよね」と答え、こう続けた。
「今日の発表は、データに幅があるという内容です。それが確率にどう影響するかはまた別の話。誤差が研究で出せるようになったのなら、その誤差を入れてモデルを作り直せばいいんです」
モデルを作り直せばいいとコメントしたのは一歩前進だが、そうなると70～80％の確率の変更は免れなくなる。私が繰り返しその問題を問うと平田氏は
「確率がどうなるかは計算していないのでわかりません」とコメントを避けた。
いくら橋本氏が試算した値だと伝えても、正式に発表されていない数値については回答しないということなのだろうか。平田氏は最後に
「ぜひ（確率の）幅を出してもらえばいいが、まだその（長期評価の影響を考える）段階じゃないと私は思います」と語った。
久保野文書の調査結果については、東京新聞・中日新聞の２０２２年９月11日付朝刊１面に『南海トラフ地震』確率に疑義」などという見出しで掲載された。その後、東京新聞では同年10月17日から６回連載でさらに調査の内容を詳報した「南海トラフ 揺らぐ80％」を掲載し、中日新聞でも同年11月13日から「ニュースを問う」欄で毎週掲載された。２０１９年の「南海トラフ80％の内幕」に続く、２回目の連載となる。読者からは再び多くの反響が寄せられ、久保野文書

の「地元」の高知新聞からは「うちでもこのテーマを報道したい」と連絡をもらった。同紙は２０２２年11月から７回連載で、１３年評価の経緯や久保野文書について報じた。橋本氏は日本自然災害学会や日本測地学会など、さまざまな場面で室津港の調査研究に関する発表をしており、論文も執筆中だ。

エールをくれた研究者もいた。地震本部で委員を歴任し、１３年評価の際、総合部会委員として合同部会に出席した入倉孝次郎愛知工業大客員教授はこう話す。

「査読もされていない今村論文を引用していたことに島崎論文の査読者は気付かなくてはいけなかったが、島崎論文は世界的にも影響力を持ってしまった。学術的な議論のルールとして、論文の否定は論文でしなくてはならないが、この問題については今まで誰も取り組まなかった。橋本氏のＳＲＬの論文や室津港の研究成果があれば、今後時間予測モデルの議論で負けることはないでしょう」

第6章 地震予知の失敗

「虚構」の地震予知

「地震予測」の問題点を考えるうえで「地震予知」の失敗についても知っておく必要がある。

まず地震予測と地震予知とでは、その手法が異なる。地震予測は過去に起きた地震の統計から、「30年以内に何%」などと大ざっぱな次の地震の時期を予測するものに対し、地震予知は地震が起きる前に発生すると考えられている前兆現象を観測でとらえ、「3日以内に静岡県で地震が発生する」などとピンポイントで言い当てるものだ。先に結論を言ってしまえば、現在の地震学では地震との因果関係が証明された前兆現象は見つかっておらず、地震予知はできない。

だが、政府は1978年から約40年間、地震予知ができることを前提とした防災対策を取り続け、地震学の研究者が「地震予知のため」と言えば、それを隠れみのに実際にはあまり関係のない研究だとしても、巨額な研究予算が下りてくるという異常な体制が続いてきたのである。

私が地震取材に関心を持ったのは、そもそも地震予知の取材がきっかけだった。南海トラフ地震の確率問題の取材を開始する2年前の2016年8月は「東海地震説」が初めて報道されてから40年になる時期で、当時中日新聞の東海本社（静岡県浜松市）で防災担当をしていた私は、地震予知を批判する連載を書いた。

地震予知研究が盛んになったのは、１９７６年に神戸大の石橋克彦名誉教授（当時は東京大理学部助手）が東海地震説（駿河湾地震説）を唱えたことがきっかけだ。静岡県沖の駿河湾を震源としたM８クラスの巨大地震が「明日起きても不思議ではない」と述べ、世間を震撼《しんかん》させた。特に静岡県民の衝撃は大きく、デパートに地震防災コーナーが特設され、缶詰や防災頭巾が飛ぶように売れたという。

山本敬三郎知事（当時）は「地震に備える法律が必要」とすぐに全国知事会に特別委員会をつくり、福田赳夫首相（当時）らにも新法制定を働きかけ、１９７８年に地震予知ができることを前提とした「大規模地震対策特別措置法」（大震法）が成立した。学説が出てからわずか２年数カ月という、異例の早さの成立だった。静岡県は地震防災対策強化地域として、補助金などで国からの手厚い恩恵を受け、同県では本格的な地震対策が始まった１９７９年度から２０２０年度までに計２兆５１１９億円の対策費が投じられた。

だが、大震法は当時「できればいいな」と考えられていただけで、証明がされていない科学をいきなり社会実装するという「見切り発車」の対策だった。

大震法は、東海地震の前兆現象が観測されれば有識者を集めた判定会を開き、判定会が最も危険度が高い「予知情報」を発表した場合は、首相が強制力のある「警戒宣言」を発令し、百貨店の営業停止や鉄道の運行停止など経済活動を制限して地震に備えるという、国家を巻き込んだ大がかりな仕組みだ。なお、空振りの場合一日数千億円の損失が出ると試算されていた。

当時、地震予知が可能という考えの根拠となったのは、陸側のプレートと海側のプレートの境界で大地震の発生前に震源域の一部がゆっくり滑り出す「前兆すべり」という現象だ。大地震が起きる2～3日前には前兆すべりが見られるとの想定に基づき、地下のひずみを測る「ひずみ計」を東海地方の各所に設置して24時間体制で監視すれば、予知は可能だと考えられていた。だが、前兆すべりと地震との因果関係が認められたケースは、40年以上が過ぎた現在に至るまで一

予知防災を巡る経緯
地元に激震！
1976年
東海地震説
発表
明日にも起きる!?
想定震源域
気象庁
予知はできる！
国会審議
できるのか…？
学者
できる
とは言い切れ
ないが…
1978年
大震法成立
新幹線
病院
百貨店
前兆現象
警戒宣言発令！
学校
しかし、
予知できず…
阪神大震災
死者・行方不明者
約6000人
2013年 中央防災会議
「予知は困難」
東日本大震災
死者・行方不明者
約2万2000人
2016年
中央防災会議で 新しい枠組みを
議論するも…
東海地震の想定
範囲では不十分
警戒宣言の
ような仕組みは
残すべきだ
予知に科学的
根拠はない
プレートが
割れ残ったら
どうする？
何日避難すれ
ばいいのか
具体策は
決まらず
モデル地区で新たな対策を考える
中部
経済界
高知
静岡

つもない。なぜこんな法律が40年以上も使われ続けたのか。

大震法成立の背景には、予知への楽観があった。当時はプレート理論の研究が進む一方、１９７５年に中国の遼寧省で起きた海城地震では、井戸水や動物の行動の変化などから予知に成功したと伝えられ、明るい見通しがあった。研究者の間にも「地震予知はいつか可能になるはず」とのムードが漂い、研究予算拡大への期待も高まっていた。

しかし、当時でも「予知が可能」と言い切った研究者はいない。大震法の国会審議の際、参考人として呼ばれた地震学者たちは「観測機をどれだけ置けば予知ができるかわからないが、置けるだけ置いて予知に努力したい」「地震予知に頼る姿勢は取らないでほしい」「地震予知できる可能性は大いにある」などと、あいまいな発言に終始した。

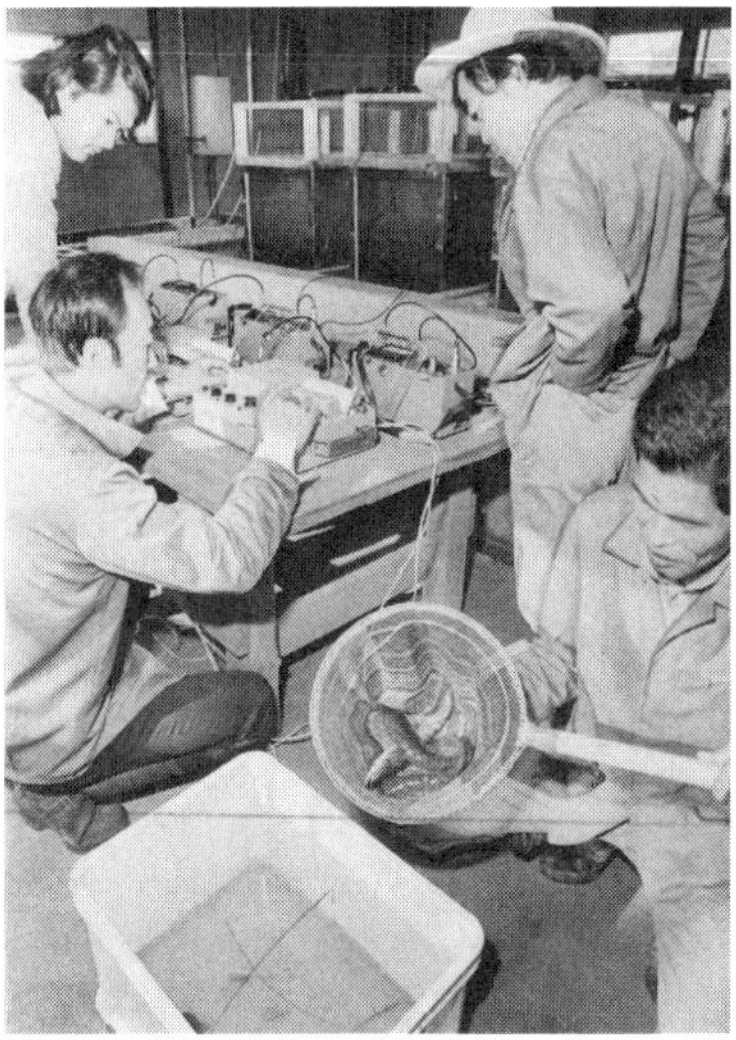

「ナマズが暴れると地震が起こる」という言い伝えから、地震予知に利用しようと「ナマズ行動監視装置」などが設置された（1977年）

結局「Ｍ８程度の地震なら観測施設を置けば予知できるところまで進んでいる」と気象庁が踏み込んだ姿勢を示し、法成立の足場をつくった。予知が「できればいいな」という願望が「できる」にすり替わり、地震研究には膨大な研究予算が下りるようになった。国民の頭にも、地震は発生前の予知が可能だとすり込まれていくようになった。

予知は「オカルトのようなもの」

日本の地震予知への批判が高まるきっかけをつくったのは、ロバート・ゲラー東大名誉教授だ。ゲラー氏は米スタンフォード大助教授から、１９８４年に初めて任期なしの外国人教員として東大理学部の助教授になった地震学者だ。地震予知を批判する論文が１９９１年に英科学誌ネイチャーに掲載され、脚光を浴びた。

研究室に取材に行くと、ゲラー氏は冒頭から「前兆現象はオカルトみたいなものです。確立した現象として認められたものはありません。予知が可能と言っている学者は全員『詐欺師』のようなものだと思って差し支えないでしょう」と言い切った。

ゲラー氏によると、「地震の前兆現象」といわれているものは1万件以上あるという。いずれもその現象が起きれば必ず地震が発生するという再現性があるものではなく、因果関係が証明されたものはないという。米国では１９８０年代に予知の研究はほぼ行われなくなった。

「前兆現象があったら教えてほしいという市民の気持ちは理解できます。しかし、それを悪用する学者は最低です」

それでは、なぜ学者は「できない」と言わなかったのだろうか。

「当時、地震予知を研究していると言えば、他の分野の研究よりもよっぽど楽に研究予算が下りました。予知研究は打ち出の小づちだったのです。地震予知研究が叫ばれてから、学者たちにとっては『幸い』なことに阪神・淡路大震災（１９９５年）まで甚大な被害をもたらす大きな地震がなく、予知が不可能なことがばれずに済んだのです」

実は神戸周辺には活断層が多く、大地震が起きてもおかしくないことは地震の専門家たちにはよく知られていた。だが政府は当時「地震発生前に東海地震の予知ができる」と過信して東海地方に偏った地震防災対策を取っており、テレビや新聞も東海地震予知体制の下で報道を続け、全国的に地震といえば東海地震や首都直下地震に関する報道が圧倒的に多かった。こうした状況から、特に専門家が地震は起きないと言ったわけではないが、自治体や住民らの間になんとなく「関西では大地震が起こらない」といった「安全神話」が形成されたの

1995年に起きた阪神・淡路大震災で倒壊した道路

である。

阪神・淡路大震災の発生によって地震予知ができないことが白日の下にさらされ、政府と予知研究をしていた地震学者には多くの批判が集まった。当時、地震予知推進本部長を兼務する科学技術庁長官の田中真紀子氏は「地震予知に金を使うぐらいだったら、元気のよいナマズを飼ったほうがいい」と言い放ったと語り継がれており、地震予知推進本部は今の「地震調査研究推進本部」に看板を掛け替え、政府の目標が地震予知から予測に切り替わった。

しかしその後も大震法が廃止されることはなく、2011年の東日本大震災をきっかけに、政府の中央防災会議は2013年、ついに「確度の高い予測は困難」と認めた。

ゲラー氏は、予知体制の弊害は今も残っていると言う。

「予知が虚構であることが明らかになりました。だが、予知ができるとうそをついた先生たちとその弟子や孫弟子は、今でも地震研究の中心的な座に居座っています。本当は、予知研究が失敗した時にメンバーを変えなくてはいけなかった。東大地震研をはじめ旧帝大の研究者など一部の人が相変わらず、次は地震予測だと言って予算とポストを取り過ぎているのが実態です」

ゲラー氏が地震予知だけでなく地震予測にも批判的なのは、そもそも「地震は一定の周期で繰り返し起きる」とする周期説を否定的にとらえているからだ。

「周期説は過去にあった地震を単純に時系列に並べ、『あら、最近は東南海で地震が起きていないぞ。これは危ないぞ』というレベルの話です。感覚的にはわかりやすいですが、地震はそれほど単純ではない」

ゲラー氏は、説明のため私にこう尋ねた。

「地震本部は30年以内に70～80％の確率で地震が起きると言っている。では、仮に明日地震が起きたら、それは予測が当たっていることの証明になりますか」。私は

「うーん。当たっているのか偶然起きたのか、わかりませんね」と答えた。するとゲラー氏は

「そうです。例が少なすぎて、統計的に識別できません。南海トラフの1カ所で周期的に地震が発生していることを統計的に証明するためには、1万年分くらいの地震を見る必要があるでしょう」と目を大きく開き、膨大な時間がかかることを強調して話した。

「1万年……。証明は難しいですね」と言うと、ゲラー氏は

「しかし、方法はあります。南海トラフ1カ所で無理なら、世界中の地震を見てみればいい。そうすれば1万年も待たなくても、数十年で統計的な結果は出せます。そしてその研究は既に行われ、結果が出ています」

米コロンビア大の研究グループは1970年代、周期説に基づき場所や規模、危険度などの詳細情報を盛り込んだ地震予測を発表していた。この予測に記された世界125カ所の地震について、米カリフォルニア大ロサンゼルス校の研究者ヤン・カガン氏らは約20年かけてその結果を検

証。大きな地震が集中して起きるとされた場所とそうでない場所において実際に起きた地震の数に差が見られず、周期説による予測は「統計学的に有意ではない」と結論づけた論文を２００３年に発表した。

ゲラー氏は「しかし政府は周期説に基づき確率を計算し、全国地震動予測地図を発表しています。この地図はとんでもない『外れマップ』です」と批判する。

第１章でも紹介したが、ゲラー氏は長期評価の正答率を調査するため、全国地震動予測地図の上に１９７９年以降10人以上の死者を出した地震の震源地を落とし込んだ地図「リアリティチェック」を作成。リスクが低いとされてきた場所でばかり地震が発生していることを示した。この批判は２０１１年に英科学誌ネイチャーで取り上げられ、国際的にも注目された。

「科学にとって本当に大切なのは、30年で何％という予言ではなく、その結果を導き出したアルゴリズム（理論）です。このアルゴリズムで得られた結果が実際の現象に比べて正しいか否かを世界の多くの地震を対象にして検証し、もし正しくなければ、残念ですが諦めるべきです。だが政府は周期説が正しいことを証明することもなくいきなり社会実装し、さらに、その後も結果の検証をしない。科学的な姿勢とは言えず、進歩は見込めないでしょう」とゲラー氏は指摘する。

そして、政府の委員として長期評価を出し続ける地震学者たちのことを、痛烈に批判する。「彼らはばかではないがずるい。物理も数学もできるのだから、やっていることがいかにデタラメか本当はわかっている。だが委員を務めてその後で勲章をもらうために、科学から離れて政治的なことを言っているのです」

予算はいくらでも出た

ゲラー氏の舌鋒《ぜっぽう》の鋭さは、外国人であることなど日本の地震ムラの外にいることから来ているところもあるだろう。だが、元々ムラにいた学者の中にも予知や予測に疑問を抱き、批判するようになった人もいる。その一人が、第1章で島崎氏に「時間予測モデルを使うように提案された」と名指しされて登場した安藤雅孝氏だ（本の構成上、順番が前後したが、この時が私と安藤氏との初めての出会いだ）。安藤氏は1989〜1991年に日本地震学会長を務め、名古屋大の防災研究センター長や地震本部の委員なども務めている。

「政府の委員を長く務める人の特徴は共通しています。センセーショナルなことが好きで、研究者の意見を拾い上げるというよりも、役所の意見の代弁をうまくできる。そういう人が役所に好かれます」

安藤氏は、予知や予測の研究をすることで、いかに地震学が政府から優遇されてきたかを証言する。

「地震学は、予知のためと予算の申請書に書くと、他の分野の研究に比べて格段に額が大きい予算が出ました。私も随分そうやって申請しました。実際にはあまり予知に関係していなくても、予算が通りやすくなるのでそう書きました。今は予知ではなく、防災のためというとお金が取りやすい。地震学者は皆そうやっています」

安藤氏は1974年に「東海地震説」の先駆けとなる「東海沖地震」の予想を論文で発表した。当時は「危険信号をキャッチした場合、出し尽くせるだけの知識や能力を最大限生かし、地震学にたずさわる者として、責任を果たす必要がある」と予知に積極的に取り組むべきだとの考えも示していた。それなのになぜ今、自らにとっても不利になるような告白をするのか。

「かつては私も予知を信じていましたが、だんだん現実が見えてきたんです」

予知への疑問が芽生えたのは2003年の十勝沖地震だった。観測所の近くで発生したのに、前兆を観測する機器に何の変化も起きなかった。2011年には東日本大震災が発生。地震を言い当てられず、日本地震学会は社会に対して謝罪をすべきだと思ったが、はっきりとした態度を示さなかった。それに嫌気が差し、退会した。地震学会から身を引くと、客観的に日本の地震学を見ることができ、おかしいことがよくわかった。今は目標が予知ではなく予測に変わったが、やっていることの本質は変わらないと感じるという。

「政治家が悪で、研究者はそれに使われたという見方は間違っている。研究者も一緒になって甘い汁を吸ってきた。でも、それは良くなかった。今の研究者には、正直であってほしいんです」

安藤氏は次の世代の研究者に語りかけるように、そう強調した。

政府に「忖度」する地震学

地震学が「正直ではない」という雰囲気を感じていたのは安藤氏だけではない。橋本学教授も、政策に関わっている研究についてはは反対するようなことを言わない方がいいという空気があった、と振り返る。

「忖度《そんたく》ですね。数十年前に国土地理院で研究をしていた頃、上司に『あまり東海地震のことはやらんほうがいい。いちゃもんつけると、面倒なことになるからな』と言われたことがあります。だから、東海地震の想定地域で地震予知の学者が唱える結果と違う数値を見つけた時は、日本で目立たないようにアメリカの論文誌にそのことを書いたぐらいです」

名古屋大の鷺谷威教授もまた、予知研究に批判的な研究者の一人だ。東海地方で異常な現象がとらえられた場合に、地震学者たちでつくる「地震防災対策強化地域判定会」（判定会）が、地震との関連性を検討することになっているが、判定会は、政府が予知はできないと方向転換した現在も存続している。鷺谷氏は判定委員の一人に、判定会の意義について尋ねた。すると委員からは「気象庁から依頼され、データについて意見を言うのが自分の役割。それ以上のことは期待されていない」との返答があったという。

地震発生の可能性について、前兆現象からでは確たることを言えない中でも判定会が続いていることに、この委員も科学者として矛盾を感じていたのだろう。それならば委員を断るという選択肢もあるが、委員になることは地震学者にとっては大きなステータスだ。鷺谷氏はこうした状況を「一度体制が動き出すと研究者も駒でしかなくなります。おかしいと思っていてもなかなか変えられないのです」と分析する。

「地震防災に貢献してほしいと手厚い予算を付ける国の意思に反し、研究者は地震学を防災へ役立てようという意識はそれほど強くない。本気で予知を目指している研究者なんていませんでした」と鷺谷氏は内情を明かす。

こうした学問としてのひずみは、地震予知という「国策」と共に歩んできたことが原因だという。

「国策になることで、大多数の人はおかしいと思わなくなる。おかしいと気付いてやっている人は、もうどっぷりつかっている。おかしいことに気が付いて何とかしたいという人にとって、何とも居心地が悪い状況になっているんです」

「前兆すべりに科学的根拠はない」

実は、鷺谷氏は前兆すべりの欺瞞《ぎまん》を暴いた当人だ。

前兆すべりによる予知の根拠になったのも、今村氏が行った測量のデータだった。今村氏は日本各地で精力的に地殻変動の研究を行ったため、その論文が後世で地震のモデルとして引用されることは多い。

今村氏が論文に残したのは、１９４４年12月7日に東南海地震が発生した際、静岡県の掛川付近で観測された隆起についての記録だ。今村氏は地震発生前の土地の変化を調べるため各地で観測をしており、掛川付近の観測は当時の陸軍陸地測量部に依頼し、特定の地点の標高を調べる「水準測量」を実施させていた。なお、１９４５年に発表された今村氏自身の論文に、前兆現象の指摘はなかった。

この記録は26年後、国土地理院の研究者が測地学会誌に発表した論文で再び日の目を見る。水準測量の原簿を見直した結果、東南海地震発生前日（12月6日）と当日に異常な隆起が見つかったと報告されたのだ。

この発見はその後大地震が起きる前の前兆現象ととらえられるようになり、前兆すべりを事前にキャッチできれば、数日前には地震の発生が予知できるとする地震予知の重大な根拠となった。だが鷺谷氏らは２００４年に出した論文で、東南海地震前に観測されたデータの異常は大地震とは関係のない日にも起きていたことを見つけ、測量誤差などの可能性があると指摘した。もともと科学的証明がされないままスタートした地震予知だったが、こうした指摘などを受けて予知に否定的な意見も増加。中央防災会議の作業部会は２０１３年に南海トラフ地震について「地震の発生時期等を確度高く予測することは、一般的に困難である」とする報告書をまとめ、さらに４年後の２０１７年には「確度の高い地震の予測はできない」と、「困難」から「できない」に改める報告書を発表した。政府は予知を前提とした地震防災対策を正式に断念したのだ。

論文は掛川の前兆すべりのような現象と地震の発生の関係を完全に否定しているわけではなく、さまざまな疑問があると指摘したに過ぎない。しかし、鷺谷氏は２０１６年12月号の「地震ジャーナル」で、未完成な知見を社会実装することにこう警鐘を鳴らしている。

「従来の解釈が否定できないのであれば、地震予知の可能性はあるとして問題ないではないか、と考える向きもあろう。しかし、掛川異常隆起には、科学者コミュニティーの外の社会に影響を行使するに足るだけの科学的根拠はないといわざるを得ない。基礎研究として前兆や予知の可能性に言及する場合と、そうした成果を防災対策として実用化する場合とでは、必要とされるデータや解釈の信頼性が大きく異なることを改めて肝に銘じる必要がある」

私は30年確率の問題と鷺谷氏が指摘した問題には共通点があると感じた。それは予知や予測に前のめりになるがあまり、過去のあやふやなデータにすがり、十分な検証なく社会実装してしまうという点だ。防災対策が待ったなしなのは理解できる。だが、動物実験や治験を終えていない薬をいきなりヒトに注射するのと同じように、やはり実証されていない手法をいきなり実用化することは、あまりに無謀と言えよう。

大震法の抜本的見直し？

政府の中央防災会議は大震法の抜本的見直しを掲げ、２０１６年に検討を開始。２０１８年に検討結果をまとめ、南海トラフ地震につながる異常現象観測時の対応を巡る報告書を発表した。見直した内容は、東海地震の予知情報（警戒宣言）を実質的に廃止し、震源域で異常現象を観測すれば「臨時情報」を発表するというものだ。危険性が高まった場合とは例えば、東西に長い南海トラフ震源域の半分でＭ８級の地震が起きる「半割れケース」の場合などだ。なお半割れケースの場合、被害が及んでいない残り半分の沿岸住民の一部にも政府が呼び掛け、１週間程度の避難を要請する。

これは、過去の地震で、どちらか半分で地震が起きた後、もう片方でも地震が発生したケース

南海トラフ沿いの三つの異常現象 ※場所は一例

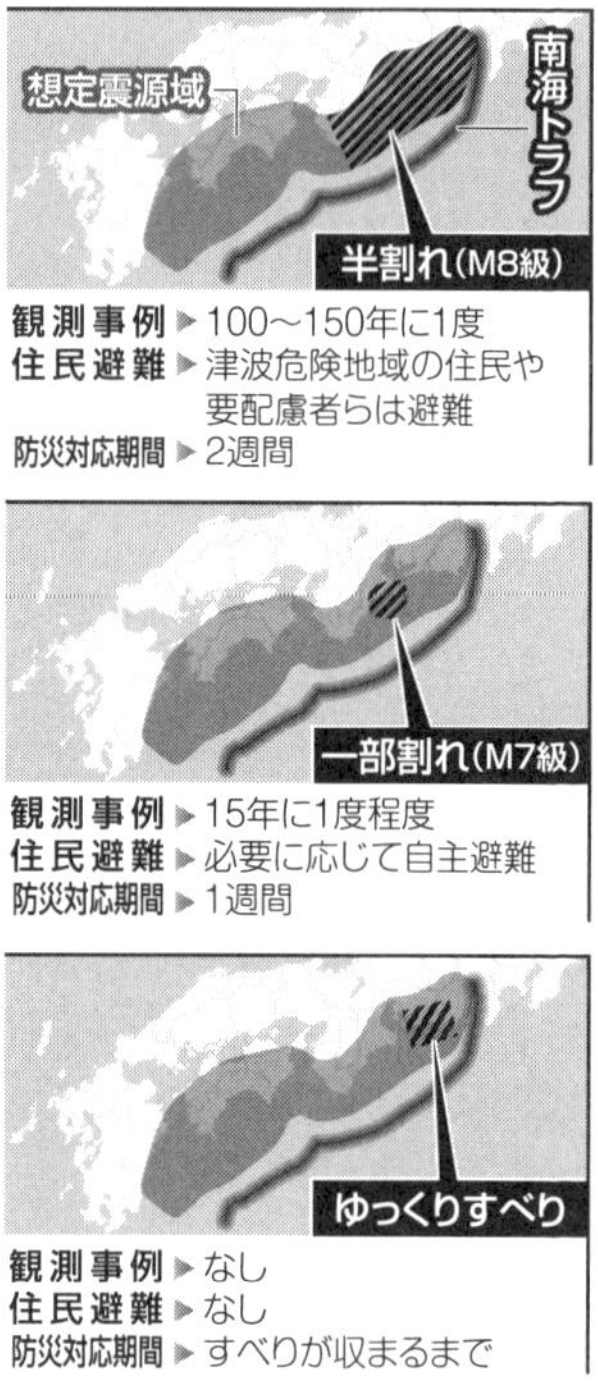

があるからだ。不確かな情報のため臨時情報は警戒宣言とは違い、住民や企業に対し拘束力のある指示・指令ではない。あくまで情報を提供し、対応については個別の判断に任せるというものだ。

大震法の見直し検討が始まった頃、地震予知は困難と認めつつも大震法が残っている矛盾から、新聞の社説などでは「廃止の検討を」という主張が出た。しかしふたを開けてみると、予知のような精度の高さをうたわないことにより地震研究者が「責任を問われない仕組み」ができただけで、大震法は残った。

訴訟回避のための見直し

２０１６年から始まった大震法抜本見直しの検討会の座長就任要請を断ったという関西大の河田恵昭特別任命教授（防災・減災、危機管理）は、「内閣府は南海トラフ地震を予知できなかった場合、国の不作為として訴えられるのを恐れて見直しを始めた」と当時の事情を説明する。

河田氏によると、熊本地震での政府の対応を検証した結果、熊本地震より大きな地震が発生した場合、避難所の設営や応急救助などを定めた「災害対策基本法」と「災害救助法」では対応しきれなくなることがわかったという。南海トラフ地震は熊本地震よりはるかに大規模な被害が出ると想定されている。

これが突発的な地震ならば、政府の不作為までは問われない。だが大震法は東海地震の予知ができることを前提にした法律だ。もし南海トラフ地震が起きたら、政府が本来すべきだった予知を怠り被害が拡大したと、訴えられうることが発覚したのだという。河田氏は「私は防災担当の内閣府の参事官とその可能性と対策について話し合い、『東海地震は予知できないことにしないとだめだぞ』と助言しました」と振り返る。

しかし内閣府が提案した内容は、予知を前提にした警戒宣言をなくし、代わりに臨時情報を出す仕組みを作るというものだった。これならば大震法を廃案にすることなく、地震が起きても政府に不作為が問われることはない。

内閣府はこうした方針で法改正をするため専門家を集めた検討会を設置し、その座長を河田氏に要請したという。こうした検討会は結論が先に決まっており、専門家がそれに応じた発言をするのがやはり実態のようだ。しかし河田氏は、「予知体制を維持するために、科学的根拠もない臨時情報を作り出すような中途半端なことはすべきではない」と要請を辞退したという。

なぜ内閣府はそこまでして大震法を廃案にしたくなかったのか。この問いに河田氏はこう答える。

「大震法は議員立法だ。廃案にするとなるとめちゃくちゃもめる。当時の政策立案者に責任が及ぶが、40年も前に成立した法律で立案者はいない。すると今の担当局長や参事官が矢面に立たざるを得なくなるが、役人としてはそれは避けたい。2年もすれば人事異動で次のポストに移るのだから、そこまで耐えられればいいというのが本音でしょう」

朝日新聞の元科学記者で著書に「日本の地震予知研究130年史」などがある泊次郎氏は、「大震法を残すことで、各省庁はいつまでも予算と人員を確保できるし、国の委員となっている有力な学者は予算の配分に影響力を持てる。大震法の廃止なんて、初めからできるわけがなかった」と解説する。そのうえで、見直し後の地震防災の環境についてもこう指摘する。

「こうした仕組みが残ったことで、多くの人は南海トラフ地震が起きる前には何らかの情報が出ると勘違いを続けるのではないでしょうか。これで、各防災機関や有力な研究者が既得権益を尊重し合うムラ構造は温存されました」

第7章
地震学と社会の正しいあり方は

油断を誘発する確率

30年以内の地震発生確率を公表する必要性は、どれほどあるのだろうか。全国地震動予測地図は、なぜこれほどまでに外れるのか。

その理由の一つとして、数十年から数百年ごとに起きるとされる海溝型地震と、数千年、数万年単位で起きる内陸の活断層型の地震を、「30年」という短い間隔に当てはめて予測をしていることが挙げられる。

当初、長期評価は「今後数百年以内に地震が発生する可能性が高い」ともっと曖昧な表現で公表されていた。だが、防災対応を担う行政側の視点から「そういう表現では情報の受け手側に使いようがない」と指摘され、それ以降「30年」が使われるようになった。なお、30年という数値は、人が人生設計をするうえで「ちょうどいい長さ」ということで、地震学的な意味はない。

実際に、地震本部が考えていることとそれを受け取る自治体との間には齟齬《そご》がある。熊本地震（2016年）で活動した布田川断層帯の長期評価による発生確率は、ほぼ0〜0・9％だった。この数値を地震本部は「『やや高い』に分類される活断層」と説明する。0〜0・9％と言われて、果たして「やや高い」と思う人はいるのだろうか。取材をしてみると、やはり最もこの数値を参考にして防災に努めなければいけない自治体の担当者には、そうは伝わっていなかった。被災当時の熊本市の防災担当者に地震前の認識を尋ねると、担当者は苦々しく振り返った。

「私たちも南海トラフ地震のように80％と言われたら、いつでも起きるんだと思い何としても防災に努めるとなったかもしれない。だが、熊本は1桁を切る確率だった。『確実にこれは低いんだろうな』と感じ、地震は来ないと思ってしまいました」

また、南海トラフの確率が「水増し」された数値であることを伝えると、「その扱いは、私たちにも認識がなかった……」とし、それ以上は語らなかった。

防災担当者でもそうであるように、熊本県では熊本地震が発生するまで、地震は来ないという「神話」が浸透していた。地震発生後の被災者へのインタビューでは、「油断していた」「不意打ちを受けた」という言葉が飛び交った。

熊本地震を引き起こした布田川断層について、この担当者はこう語る。

「布田川断層のことは知っていたが、こんな大きな地震を起こすという認識はありませんでした。今思えば、もっと専門

2016年に発生した熊本地震で倒壊した家屋

家から危険性を訴えられていたら、全然違ったと思います」

私はこの話を聞いて、阪神・淡路大震災の失敗を思い出した。予知体制の下、「次の地震」として東海地震にばかり対策が偏った結果、神戸付近に地震を起こす活断層が多くあったにもかかわらず、正しく注意喚起されないまま関西には「地震が来ない」という誤った認識がはびこり、被害を拡大させた。

地震本部の誕生は、正確な情報を伝えることでこうした失敗が二度と起きないことを目的としたはずだったが、現場を取材すると、今も同じ轍を踏んでいるように思えた。

自治体の油断は別の形でも表れていた。地震前、熊本県は企業誘致のためホームページで地震本部の全国地震動予測地図や長期評価の結果を示し、地震の危険性が少ないことをアピールしていた。震災後、このことが報道で取り上げられ、ホームページからは削除。地震本部も「正しい使い方ではない」と見解を示した。

しかし、低い確率の地域が長期評価を「地震リスクの低さ」のPRに使う例は、その後も至る所で見られた。例えば北海道地震（２０１８年）の被災地を見てみても、道と札幌市、苫小牧市はいずれも同様のPRをしていた。

なぜいまだにそういう使い方をするのか。長期評価の低い確率を企業誘致に使っているある自治体の担当者に尋ねると、率直な意見が返ってきた。

「でも、この全国地震動予測地図は南海トラフや首都直下みたいに真っ赤な地域以外、どう見たって地震は起きないということを伝えているようにしか見えませんよね」

私はその通りだと思った。この自治体で今後30年間に震度６弱以上の地震が起こる確率は数%。70～80%の南海トラフ沿いの地域と比べたら何十倍も安全に見える。地震本部はこうした状況を「正しく伝わっていない」「誤解されている」と言うが、そうではなく、伝える側が間違った表現で「伝えている」と言えるのではないか。

低確率の悪影響裏付ける研究も

こうした状況をさらに裏付ける研究がある。名古屋大の橋冨彰吾研究員や鷺谷氏らの研究グループは、地震本部が「30年以内の地震発生確率がほぼ０～２%」と発表している岐阜県から愛知県にまたがる「恵那山―猿投山北断層帯」で、周辺の住民約１５００人に確率を聞く前と聞いた後で印象がどう変わるかアンケートをした。

その結果、この断層に「危機感を感じる」と答えていた人は、確率を聞く前は33・８%だったのが、聞いた後では28・２%に減少。「安心する」と答えた人は、聞く前が７・０%であったのに対し、聞いた後では13・７%に増加した。研究グループは、低い確率の地震情報は「安心情

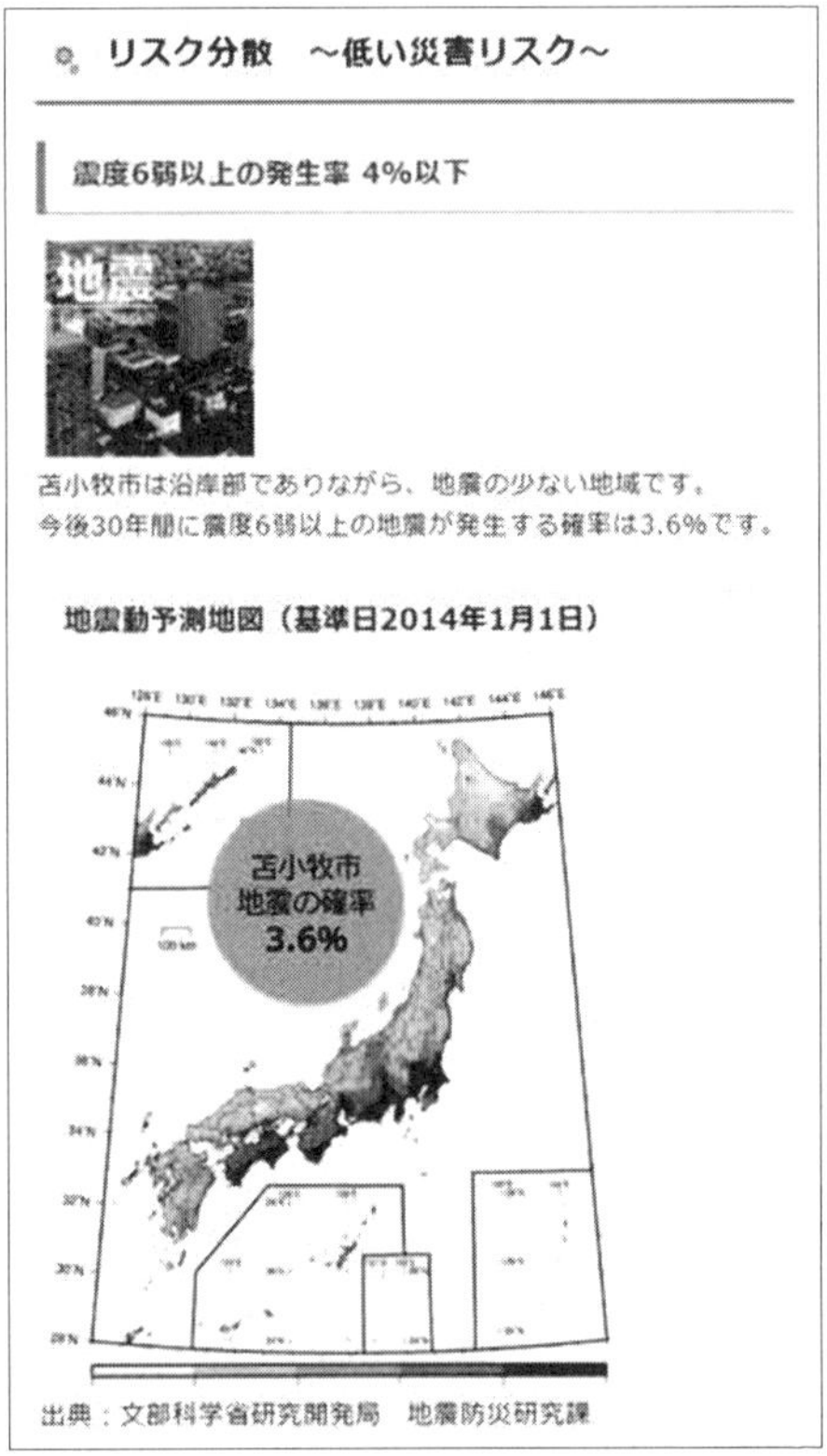

地震の発生率の低さをPRする苫小牧市ホームページ

報」になってしまう危険性があると結論付けている。

また、住民への別のアンケートでは、恵那山—猿投山北断層帯について「7000年間隔で地震が発生しており、現在は最後に地震があってから数千年たっている」と言われるよりも、確率で危険度を示した方がわかりやすいとの結果も出た。鷺谷氏によると、確率をわかりやすいと感じるのは、普段から天気予報の降水確率になじんでいることが影響しているとみられるという。だが、降水確率と地震発生確率では、実際にその現象が発生したときの被害の大きさがまるで異なる。

例えば、天気予報を見た人は降水確率が50％なら傘を持っていくが、10、20％なら傘を持っていかない人もおり、2％だとほぼ全ての人が傘を持たなくても安心と思うだろう。確率で考えれば雨が降らないケースの方が多いのだから、この判断には合理性があるといえる。

鷺谷氏は、備えの必要性は「確率×被害の大きさ」で導き出せると説明する。天気予報が外れたことで生じる被害は、天気予報を見た人が雨でぬれたり、出先で新しい傘を買うことになる程度だが、地震の場合は家が倒壊したり命が失われたりする。

「地震は確率が低くても、発生したときの被害のインパクトは無限に大きいため、備えが必要です。しかし降水確率に慣れた国民に地震の危険度を低い確率で表示しても、防災対策にコストをかけるより何もしない方が合理的に思えてしまいます」

こうした状況から、政府が国民に対して地震に備えてほしいというメッセージを送るなら、確率を発表することは「逆効果だ」と鷺谷氏は強調する。

「アンケートでは、地震の被害を理解した上で何％なら備えをするべきだと思うかという問いに、多くの人が『確率の値によらず備えるべきだ』と答えていた。伝えるべきなのは、それぞれの地でどんな危険性があるかどうかで、確率で危険性を表すのは百害あって一利なしと言えるでしょう」

政策と切り離せない地震学

確率を発表している側の委員である地震学者たちも、長期評価には問題があると思っているようだ。１３年評価の海溝型分科会の議事録には「確率を何のために出すのかわからない」という意見が目立ち、確率に否定的な地震学者たちの本音がにじむ。

カリフォルニア工科大の金森博雄名誉教授は私の連載を受け、「この『確率』は多くの専門家の判断が入った主観的なもので、専門家でもよく理解できません。一般の人に地震ハザードを伝えるのに『確率』を用いるのが有効かどうかを真剣に考えるべきだと思います」との考えを示した。

しかし、長期評価の30年確率や全国地震動予測地図は、地震本部の看板となる成果物だ。研究面で社会からさまざまな優遇を受けてきた代わりに、何か防災に資する情報を出さなくてはいけない。ここに、防災の意識と科学者としての誇りを持ち合わせた地震学者たちは葛藤するようだ。

こうした葛藤は自分の研究が純粋な科学だと思う気持ちから生まれるというが、鷺谷氏は、「そもそも地震学は、その程度の学問なんです」と、やや自虐的に語る。

「例えば、物理学や天文学のような純粋な学問は『学問が社会のために役立っているわけではない』と胸を張って言うことができます。これに対し、地震学は社会から実力以上に期待されて膨大な予算を得てきた経緯もあり、実用性とは切っても切り離せない関係になっているんです」

鷺谷氏はかつて、国と地震学者が強く結び付いて進めてきた地震予知が、地震学者たちに果たした役割についてこんな話をする。

「予知は、外（社会）向けには役に立つと約束し、内（地震学者たちのコミュニティー）向きにはわれわれのやっていることは純粋科学だと、顔を使い分ける装置だったんです」。だが２０１３年、地震学者たちは政府の委員会で「予知は困難」と正式に「負け」を表明した。

「つじつまが合わない装置を使い続けてきたつけが溜まり、ついににっちもさっちもいかなくなってしまった。今は予知に代わり長期評価や全国地震動予測地図を出していますが、私には残念ながらこれも、装置を維持するための地震学者たちのやったふりにしかなっていないように思えます」

「リセット」繰り返し、進展せず

日本で本格的な地震研究が始まったのは、日本地震学会が設立された１８８０年だ。それから約１４０年間、地震による被害を軽減させようと地震学研究には莫大な予算が投入されてきた。

それなのに40年以上前に「可能」といわれた地震予知はできず、地震予測も実用化のレベルに達しているとは言い難い。大きな進展が見られないにもかかわらず、なぜ国家プロジェクトとして続けられるのだろうか。

泊氏によると、この140年間地震研究は同じような歴史を何度も繰り返してきたという。

「大地震のたび、地震予知・予測への関心が盛り上がり、地震研究に関する制度的枠組みが作られます。これに伴って新たな研究者たちが参入しますが、予知・予測が困難なことなどさまざまな理由で、社会や研究者の関心は冷めます。そのうちに再び大地震に見舞われ、再び制度的枠組みが変わり研究の熱も復活しますが、長続きしません」

繰り返しは制度的枠組みだけでなく、予知・予測など将来の地震を言い当てる方法論の変化についても同様なようだ。

地震研究が始まった初期の頃に発生した濃尾地震（1891年）では前兆とみられる現象が多く報告され、予知研究に多額の予算が投入された。研究は盛んになったが後に下火になり、代わりに今の地震予測のような「統計的方法」が主流になった。だが、関東大震災（1923年）後には「統計地震学」と批判されるようになり、代わって「物理モデルに基づいた予知」の重要性が叫ばれた。

だが、それも観測精度の問題で頓挫。その後再び前兆現象に基づく予知が復活する。関東大震災などでは前兆を検出したという研究に注目が集まり、「関西地震説」などが唱えられた。しかし、結果は外れ。1964年に起きた新潟地震をきっかけに1965年には第1次地震予知研究計画が開始され、予知の実現に全力が注がれるが、阪神・淡路大震災の発生により予知研究は批判を浴びることになった。

こうして見てみると、阪神・淡路大震災を機に予知研究から長期評価に変わったという流れは、いつか来た道であることがわかる。繰り返しの中、研究が進展しない理由について泊氏は「枠組みが変わるたびに、それまでの研究が『リセット』され、過去の成果までもが一緒に消去されるからです」と指摘する。そして、そうなる原因は地震学が「純粋科学」としてではなく、地震防災という「国策のための科学」として進んできたからだと言う。

「純粋科学の場合、パラダイム（物事の見方、とらえ方の規範）の交代が起きるのは、科学の内部で生ずる革新が誘因になります。それに対し、国策のための科学では社会的（国家的）要請という外圧です。研究者が自ら考えたわけではないため、パラダイムの交代の結果、それまでの研究は継続することなくリセットされます」

地震学の場合、大地震の発生によりパラダイムの交代が行われ、その結果同じ研究が繰り返されるという悪循環が生まれてきたという。予知・予測研究に進歩が見られないのは、ある意味で当然なのかもしれない。

学問の進歩阻む地震ムラ

こうした国策のための科学は社会的評価が優先され、科学者集団の自立性と自律性を前提に構築された科学進歩のモデルは通用しなくなるという。地震学においては、ポストが持つ権威から、その様相を見ることができる。

泊氏によると、地震学者の自律的な集まりである日本地震学会は、かつては地震予知計画の立案を主導的に果たすなど、地震学にとって中心的な役割を果たしてきた。しかし、予知が国家プロジェクトとなるうちに役割が低下。代わって、今では地震本部や中央防災会議、地震防災対策強化地域判定会、科学技術・学術審議会の測地学分科会や地震予知連絡会の委員に選ばれた一部の地震学者たちが大きな影響力を持っているという。

これらの組織の委員は地震学会の会員の意思とは関係なく、政府によって選出される。そしてこうした委員たちが、地震の観測・研究計画の立案や研究費の配分に関与するのだ。

泊氏は、国策のための科学のもう一つの弊害についても語る。

「国策のために『体制化した科学』では、プロジェクトの管理者である学者たちの間で仲間意識が生まれ、研究予算や研究ポスト配分など、お互いの利益を尊重しあう文化が形成されます。いわゆる『ムラ』です」

こうしたムラができると、研究者同士の競争意識や批判精神は薄くなり、仲間の論文に対しても厳しい査読が行われなくなって、やがて科学の進歩は止まるという。

１４０年にわたり地震学の研究が国家プロジェクトとして優遇され続けているのは、災害によってなくなる命を少しでも減らしたいという国民の期待だ。

「地震学に対する期待が社会にある限り、研究費の支援は続くという思惑と打算が研究者側にはあるのではないでしょうか。正確な予知（予測）が困難であるにもかかわらず、それを素直に伝えない姿勢は、社会が研究者に寄せる信頼感や一般人の無知を悪用した一種の『詐欺行為』です」と、泊氏は批判する。

「やりすぎ」の南海トラフ地震被害想定

東日本大震災後、さかんに想定外が叫ばれる中改訂されたのが２０１３年評価だ。報告書では「はじめに」で、「不確実性が大きくても防災に有用な情報は、誤差等を検討したうえで、評価に活用する」との方針を定めている。当時は政治家や地震学者たちの間に「想定外恐怖症」といった空気が流れていたこともあるだろう。

2012年に中央防災会議が定めた
南海トラフ地震の新しい想定震源域

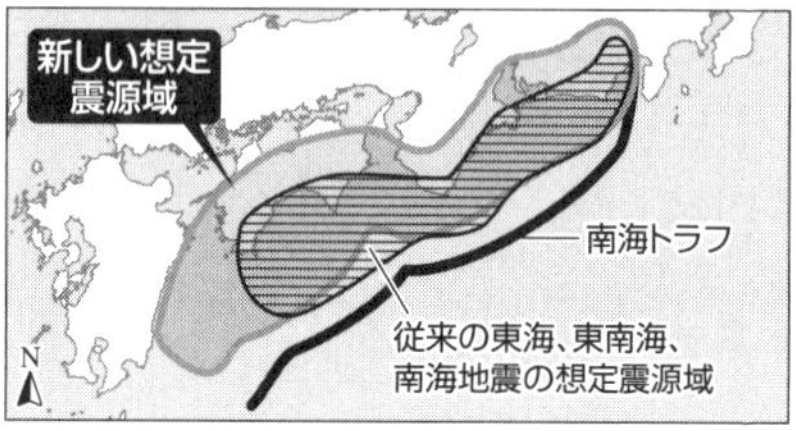

少しわかりにくいが、長期評価は文科省管轄の地震本部が公表しているのに対し、地震が発生した場合の被害想定は内閣府の中央防災会議が発表している。中央防災会議は２０１２年に、南海トラフ地震が起きると、最悪の場合死者・行方不明者が32万３０００人に及ぶと推計を出し、１３年には経済被害は２２０兆円を超えると発表した。

東日本大震災が発生する前の２００３年に中央防災会議が出した想定では、南海トラフ沿いでＭ８・７の東海・東南海・南海の３連動地震が起きた場合、最大死者数を２万５０００人と推計していた。２０１２年の想定では死者数が13倍もはね上がったことになる。２００３年当時から、地震学が大きく進歩したわけではない。２０１２年の想定では「想定外をなくす」ことが至上命令となり、想定を出すための前提を「歴史上最大」だったものを「考えられる最大」に変更。震源域を2倍に拡大し、季節や時間帯などについても最悪の条件を重ね合わせた。

つまりパラメーターを変えたということだ。２０１２年の想定ではそれを最大限大きくした。そのため、地震学者たちからは「あまりにもやりすぎだ」との批判が多く出た。

南海トラフの巨大地震モデル検討会の委員だった橋本学教授は検討時のことを苦笑いしながら

振り返る。

「東日本大震災で起きた事が南海トラフで起きないと断言できるかと問われると、まあ、完全に排除することはできないとなる。その結果、排除できない×排除できない×排除できない……となさまざまな可能性が積み重ねられ、どんどんインフレした数字が２０１２年の想定です。可能性を排除できないという言葉は『えせ科学』で頻発します」

この結果、南海トラフ地震の規模は最大でＭ９・１、津波の高さは高知県黒潮町の34・4メートルなど、6都県を20メートル以上の津波が襲うという非常に大きな想定となった。地震学者たちからは「もっとあり得る評価をすべきだ」という批判が噴出し、自治体からは「対策のコストがかかりすぎる」「これまでの対策が無駄になる」という反発が続出。沿岸部の高齢者からは避難を諦めるという声まで出た。

この最大クラスがどの程度の頻度で起きるのか、中央防災会議は地震本部に要請し、海溝型分科会で検討が行われた。しかし発生したことがない以上、最大クラスは架空の地震だ。委員たちからは「どう考えても出せない」との意見が集中。むしろ、30年確率という数値が最大クラスのものだと誤解されないようにしなければいけないとの意見もあった。その結果、発生確率についてては示されず「千年に一度あるいはそれよりも発生頻度が低い」と、曖昧な表現に抑えられている。

首都直下想定に関東大震災ケースは含まず

２０２３年は関東大震災（１９２３年）から１００年となるが、内閣府の中央防災会議が出している首都直下地震の被害想定に、関東大震災のようなタイプの地震が発生したケースの被害は想定されていないことを知る人は少ないのではないだろうか。

中央防災会議は、Ｍ７級の直下型地震が発生した場合、死者が2万３０００人、経済被害が約95兆円に上るとの想定を出している。直下型とは、阪神・淡路大震災のような内陸部の活断層によって起きる地震だ。一方、関東大震災は南海トラフと同様にプレート境界で発生する海溝型地震で「相模トラフ地震」と呼ばれている。関東大震災は、推定Ｍ７・９と今の首都直下地震の想定をはるかに上回るエネルギーで約10万５０００人の死者・行方不明者を出した。

関東大震災タイプの相模トラフ地震でわかっている歴史上最大規模は元禄地震（１７０３年）の推定Ｍ８・２。また、政府は相模トラフ地震の最大クラスはＭ８・６を想定しており、いずれにしても想定する首都直下地震よりはるかに大きい。それでも首都直下地震の想定をＭ７級にしている大きな理由は、相模トラフ地震の発生間隔が２００〜４００年であり、現在は関東大震災から１００年ほどのため、ほとんどの研究者がまだ発生しないとの考えに妥当性を感じているからだ。

それ以外の理由もある。２０１３年10月に開かれた首都直下地震モデル検討会の議事録を見ると、ある委員が、

「２０１１年の震災から時間がたって少し冷静になっている。直後であれば最大クラスの被害想定が出て、東京は何百万人死ぬなんていう結果になり、それしかメディアに取り上げられなくてみんなお手上げとなったけれども、今回は冷静に」

と述べている。これは、南海トラフ地震の被害想定が大きくなりすぎたことを意識して発言したのだろう。首都直下の想定は、その「揺り戻し」ともいえる。

それでも、相模トラフを巡る議論はあった。ある委員は

「私は何となく大正関東地震はきちんとやるべきだと思う」「防災上はそこ（関東地震）から出発するのが筋だと私は思います」と、相模トラフ地震を想定に入れることを主張した。一方、別の委員からはこんな発言もあった。

「東京オリンピックをやるというときに１００万人の死者だの何だの、そんなばかなことあり得ない」

中央防災会議は南海トラフでは想定外をなくすとの号令の下、歴史的に把握できているレベルを超え、千年に一度あるかないかの巨大な地震を想定した。一方で、首都直下地震ではあと１０

0年は相模トラフ地震はないとの考えの下、五輪を控えた東京の世界的イメージを意識し、過去最大の地震よりも小さい想定をした。これらの考え方が適切か否かは議論があるが、南海トラフ地震の被害想定と首都直下地震の被害想定とでは、策定するうえでの考え方がちぐはぐだといえる。

自民躍進の国土強靱化計画と巨大地震

ところで、確率や被害想定が公表された2012～2013年は政治的にどういう動きがあったのか。

2012年末は民主党から自民党に政権交代が行われた時期だ。民主党は2009年に「コンクリートから人へ」をスローガンに公共事業の減少を訴え政権を取ったが、2012年の衆院選の際、自民党が目玉の一つとしたのは国土強靱化計画だった。

この政策は、切迫する南海トラフ地震や首都直下地震などに備え、交通網の整備などの公共事業に10年間で200兆円を充てるとして始まった計画だ。2012年6月に野党時代の自民党の二階俊博衆議院議員を代表とした議員立法として提案し、政権交代後の2013年12月、「強くしなやかな国民生活の実現を図るための防災・減災等に資する国土強靱化基本法」として成立させた。

国土強靱化は公共事業により雇用が生まれることから「アベノミクス」の「三本の矢」（金融緩和、財政出動、成長戦略）の財政出動を具体化する上でちょうどいい政策だった。「バラマキ」という批判や「無駄な公共事業の復活」との指摘もあったが、まだ国民の脳裏に東日本大震災の悲惨な光景が色濃く焼き付いていたこの頃、「防災のため」という公共事業の増加の理由は、十分な大義名分となった。

自民党はこれによりかつてのように建設・土木をはじめとする公共事業に関わる業者の支持を回復させ、党内でも道路族や建設族が勢いを取り戻した。全国各地で災害時の緊急輸送路を確保するため代替ルートの建設が進み、それまで未整備だった区間での道路の新設にも多くの予算が割かれるようになった。

特に、旗振り役となった二階氏のお膝元である和歌山県の国土交通省直轄の道路予算（当初予算）を見ると、民主党政権下の２０１１年度は約３０８億円だったのに対し、政権交代を経て２０１４年度は６８２億円に倍増し、全国でも東京都や被災した宮城、福島の両県を抑え２位（※順位は筆者が全国の予算を整理し算出、北海道はのぞく）。翌２０１５年度も約９６０億円と全国２位を保っている。

東洋大の根本祐二教授（公共政策）は、国土強靱化に必要な公共投資には、新規投資の費用と既存インフラの維持・更新といった老朽化対策の費用があるという。だが、新規投資に関して言えば、既に公共インフラはかなり充足しており、いかに投資を抑えるかがポイントになると指摘する。

「試算だと、橋、トンネル、水道、学校など、現在あるインフラや公共施設を今の水準で維持しようとすると、毎年12・9兆円が必要になります。だが、少子化が進み財政が縮小していくことは確実で、これらを単純に全て維持・更新することは不可能です。代替道路が不要とは言いませんが、限られた予算の中で本当に必要かどうか、しっかりと議論をしなくてはいけません」

こうした新規投資と維持・更新のための予算はバランス良く組まれているのだろうか。ところがそれを確かめようにも、国はこうした予算について詳細な内訳まで公開していない。根本氏は「ひとつひとつのインフラについて見ていかないといけないが、公表されていないのでわれわれ専門家でも把握できないし、検証もできない。国民がわかる情報を出してもらわないと、今進めていることが良いか悪いかも判断できないのです」と批判する。

地元目線に立てば、代替ルートがあるに越したことはない。だが、どれだけ優先度合いが高いインフラなのか、また、その優先度はどういった判断で決められたのか、公開された情報だけで明確に知ることは難しい。例えば、二階氏の地元で道路予算が倍増していることはどう見ればいいのか。

「仮に、建設業界を大切にしようという思惑があって、道路の新設を増やしているとしたら、田中角栄元首相の『日本列島改造論』の時と変わりません。当時のそうした政策がインフラの量を激増させ、今の問題を誘発しました。必要なものを最小限にしていこうとしている時代に、そんなことは許されないでしょう」

南海トラフの被害想定や長期評価が発表された時期は、国土強靱化計画が始まりつつあった時期だ。高い確率や大きな被害想定が出されたことが、国土強靱化と何か結びつきがあるのかは定かではない。だが、こうした地震の発生確率や想定は、結果的に国民の支持を受ける形で追い風となったことは確かであろう。さらなる取材が必要だ。

予知・予測ができる「フリ」はやめるべき

防災のためなら科学的事実は曲げても構わない。政策決定者の思うように進めることができるように、不都合な事実は隠してしまえばいい。今回の取材からはそんな行政・防災側と地震学側の姿勢が浮かんだ。

日本ではどこでも地震が発生するし、現在の地震学にはそれがいつ、どこで起きるかはっきり予想する実力はない。そんな中で南海トラフや首都直下ばかりに注目が集まるような確率を出すことは、逆に他の地域の油断を誘発することになる。

とはいえ、私は南海トラフ地震に備えなくていいと言っているわけではない。私自身も南海トラフはいつか必ず発生し、そのときの被害は甚大なものになると考えている。特に、日本の主要な経済圏が集中する南海トラフ沿いや首都圏を大地震が襲ったら、日本が成り立たなくなるほどの痛手を受ける可能性がある。南海トラフや首都直下を特別扱いするという政策も、国民が支持をするならば否定はしない。

しかし、国民がそうした判断をする材料となる科学的なデータは、あくまで正直に開示しなければいけない。取材で発覚したように、国民に伝えられるデータそのものに恣意性が入り、決まった政策を進める上で都合の良いように水増しがされると、国民は正しい前提で判断ができないだけでなく、地震に対しても正しい危機意識を持てなくなるからだ。

原発事故、コロナ禍、地震……。科学は問題を解決する上で絶対不可欠な人類の知恵だ。現代社会では政策判断も科学的知見なしでは成り立たない。だが全てのことを科学で決めることはできず、最終的に判断する上で何を重視するのかは住民であったり、政治家であったりが決めなくてはいけない。だからこそ基礎となる情報は科学的に適切でなければならないのだ。

地震に限らず、為政者は科学の都合の良い部分をつまみ食いして、自説を強調する道具に使いがちだ。しかし、自分たちの社会をどういうものにするか、国民は十分な知識を持って決定する必要がある。国は判断の過程をブラックボックスにせず、どのような事実に基づいて決めたかを明らかにしなければいけない。そのためには国民が詳しく知ろうとした時に、簡単に情報が開示される社会であるべきだろう。

2011年に起きた東日本大震災で被災した宮城県気仙沼市

南海トラフ地震のケースで言えば、発生確率の算出には特別なモデルを使っていることや行政的判断で確率を引き上げていることは、何度も積極的に国民に伝えるのがあるべき姿だろう。最低でも、何があったか検証しようとする人が現れた場合、必要な情報を正直に公開する必要がある。また、政府による専門家の会議で発言者の名前が黒塗りにされることも問題だ。検証をするためには、誰が、何を話したのかという点がとても重要だからだ。そもそも多くの専門家は専門的知見に基づき、責任を持って発言している。黒塗りにすることで得をするのは、自分の専門的知見を曲げて、政府に都合のいいことを話す「御用学者」くらいだろう。

情報公開の問題の本質は制度ではなく、政府の説明責任に対する姿勢そのものだ。どうやって政策を決めたか記録を通じてその内側を国民に見せることは、反対意見のある人からは批判が出るかもしれないが、長い目で見たら政府の正当性を高めることになる。逆に、目先の批判を恐れ情報を隠すばかりでは、国民の政府への信頼は失墜する。

南海トラフ地震の高確率をこれだけ独り歩きさせてしまったのには、マスメディア側にも問題がある。衝撃やわかりやすさにニュース価値を置くあまり、現状を正しく、誤解なく伝えられていなかったのではないか。議事録を見ていても、委員たちは「報道されると、(低い確率の)数字だけが見出しに出る」「ミスリードされかねない」と発言しており、報道に対する不安が垣間見える。

一方で、鷺谷氏は私に伝える何年も前に、この南海トラフ確率問題を別の報道機関の記者に話していた。これが報道されなかった理由はわからないが、検証と批判は記者の本分だ。予知の欺瞞に気付きながらも積極的にそれを報じなかった科学記者の悔恨は、政府が予知による防災を断念した今、さまざまな場面で聞かれる。その時代に指摘すべきことを見つけた場合、記者は積極的にその問題に挑んでいくべきだろう。

何度も繰り返すが、私は「南海トラフ地震は来ない」とか「備えは必要ない」と言うつもりは全くない。最短90年で再来した南海トラフ地震。間もなく、前回の地震から80年を迎える。本当にこの間隔で起こるかはわからないが、やはり不安だ。発生したら人命も多く失われるだろう。

命を守るためなら備えすぎということはないし、専門家は何度もしつこいくらい呼びかけておいた方がいい。

しかし、そこで思考停止してしまってはいけない。特に南海トラフ地震（東海地震）については防災を隠れみのに形成された地震ムラが、今もパトロンである政府の顔色を見て30年確率という「科学的成果」を出し続けている。だが政治的要素が入ってしまった科学は、もはや科学とは言えないだろう。政府が科学を保護することは大事だが、研究者の自律性・自立性が保てない科学に進歩は見込めない。

行政や国民も過度に地震学に期待をかけ過ぎた。確かに正確な予知・予測ができれば、多くの命が救われるだろう。しかし、１４０年かけても成功しない技術にそこまですがる理由は何か。取材の過程で、地震学者たちと考えた。

その上で思うのは、予知・予測に関する情報は、対策を「しない」理由付けをする道具にもなるということだ。国や自治体を運営していく上で、さまざまなお金がかかる。医療や介護、教育、子育て支援、経済対策……。喫緊の課題がある中、地震対策はいつ起こるのか分からないにもかかわらず大きなコストがかかり、本当はわざわざ対策をしたくはない。そんな中、「いつ」がわかれば対策をしなくても逃げればいい、「どこ」がわかればそこだけ対策をすればいい、と対策が簡単になる。

だが、世界で起きるM6・0以上の大地震の20％は日本で発生する。この国に住む以上、地震の発生を前提にせざるを得ず、対策のためのコストは削ることができない経費なのだ。地震学がするべき事は、いつにこだわるのではなく、その地にどのような被害が起こりやすいのか、防ぐためにはどんな対策が必要なのかということを正しく伝えることなのではないだろうか。

今のような30年確率は止めるべきだ。予算ほしさに確率という非常に「あやふや」な情報を「優れた」情報に見せかけているように思えてならない。「ないよりはまし」との意見もあるが、あやふやさが適切に伝わらない場合の不利益は大きい。できる「フリ」はすべきではない。

行政や国民の側も、過度に予知・予測を求めるのではなく、科学には限界があることを理解した上で、科学的に言えることは生かし、地震はいつでもどこでも起きる前提で、まずは身の回りから対策を進めていくことが重要だ。

おわりに

本書は関東大震災から100年を迎える2023年9月1日前の刊行となった。よく周囲から「首都直下地震は30年以内に70％の確率で発生するといわれているけど、この確率の出し方に問題はないの？」と聞かれる。実は専門家に聞くと、「南海トラフよりも『えこひいき』した確率の出し方をしている」と言う人も多い。

「元禄地震」と「関東大震災」は、関東を襲ったM8クラスの巨大地震だ。二つの地震は約220年の間が空いているが、関東ではこの220年の間にM7クラスの地震が8回発生した。単純計算するとM7クラスの地震は27・5年に1度起きていることになり、これを30年確率に当てはめると70％という確率が出る。地震本部は「相模トラフのプレートの沈み込みに伴うM7程度の地震」の確率としているが、内閣府はこれを首都直下地震の確率として紹介している。

えこひいきのゆえんは、8回の地震の発生した領域の広さだ。首都直下というと23区内をイメージする人が多いのではないか。8回の地震の中には、1855年の安政江戸地震のように東京都の千代田区、墨田区、江東区などを強い揺れが襲ったものもあるが、他にも茨城県南部や神奈川県の小田原、三浦半島付近で起きた地震も含まれる。首都直下というよりは「関東直下」の方がイメージは近いだろう。大都市は災害に弱く、首都が大地震に見舞われたら国が破綻しかねない被害になることは目に見えている。備えるのは当然だ。だが「30年間で70％」という伝え方は、地震の切迫性をアピールするため、わざわざ近隣の地震をかき集めて高い数値を出すような「せこいまね」をしているようにもみえる。

取材ではさまざまな立場の人から「確率を出さないと地震学の存在意義がない」「低い確率を出すと防災予算が下りない」などとの声を聞いた。確率は地震学や防災、政治の思惑が複雑に絡み合い、本質的な意味が見えにくい情報になっている。本当に必要な情報とは何か、立ち止まって考え直すべきだろう。

この問題を記事にする上で、乗り越えられないと思うような困難が幾度もあった。それがこうして一冊の本に仕上がったのは、奇跡とも思える出会いが連続したからだ。

まず、きっかけとなった鷺谷威名大教授の「告発」は、ともすれば告発した鷺谷氏が不利益を被る恐れがある内容だった。鷺谷氏が覚悟を決めて世に伝えたかった思いを、居合わせた私がたまたま受け取ったことで取材が始まった。しかし、この問題意識をどう記事化するかには苦労した。私のプレゼンテーション能力が足りないことも手伝い、デスク陣に説明をしても「議論の過程で出た裏話」「科学的論争の一つ」と、一般の紙面で報じるのはそぐわないと判断されることが多かった。ただでさえ難しい科学のテーマだ。しつこく一般記事での掲載を求める私の姿は、日々のニュース対応で忙しいデスク陣の目にはさぞかし困った部下に映っただろう。

そんな時、助けの手を伸ばしてくれたのはニュースの深掘りをする中日新聞の特集面「ニュースを問う」の担当デスクをしていた秦融編集委員（当時）だった。私は秦デスクに「相談がある」とだけ伝え、会社から少し離れたファミリーレストランに呼んだ。簡単な雑談を終えると、秦デスクはテーブルに腕を置いて少し身を乗り出し、「で、ネタは何だ」とメガネの奥の目をギラリと光らせた。約3時間に及ぶ打ち合わせの末、秦デスクは「南海トラフの高確率がきっかけで他地域に油断が生まれているとしたら、中部の新聞社としては見過ごせない」と、同面での記事化を約束してくれた。

こうして、2019年秋に何とか新聞連載として形にすることができたが、この問題を全国区のものに押し上げてくれたのはライバル紙の科学ジャーナリストたちだった。当時朝日新聞大阪本社科学医療部長で、地震学者の間でも有名な黒沢大陸氏は自らのツイッターで「中日新聞さん、よい仕事だった。やられた」と、連載を紹介してくれた。また、元読売新聞科学部デスクで今はサイエンスライターの保坂直紀氏は連載を読み、「不都合な科学は隠してしまえばよいのか。科学と社会はどう付き合っていくべきなのか。連載の背後に大きな問いかけを感じる」とメールをくれ、科学ジャーナリスト賞に推薦してくれた。

本書を書く上で最も大切だったのは、橋本学東京電機大特任教授の存在だ。橋本氏は確率の検討当時から科学のあるべき姿を貫き通そうとした気骨の地震学者だ。鷺谷氏や橋本氏が当時海溝型分科会委員でなければ、「確率がえこひいきされている」とここまで問題にならなかったかもしれない。また、室津港の水深データの問題を高レベルな科学的議論として指摘できたのは、ひとえに橋本氏の執念ともいえる調査・研究があってのことだ。共同研究のメンバーの加納靖之東大准教授の協力も欠かせなかった。

高知での出会いにも恵まれた。先祖から子孫へ約300年間、連綿と受け継がれた久保野文書。史料の保管が難しくなる昨今、久保野由起子さんがいなければ文書は失われていたかもしれない。高知城歴史博物館で文書の整理を担当した学芸員水松啓太氏が、偶然にも地震学を専攻していたことも幸運だった。水松氏のさまざまな指摘は研究を大幅に進展させた。

室戸ジオパーク推進協議会の専門員小笠原翼さんにはヒントとなる資料を献身的に提供していただいた。小笠原さんから紹介された室戸の郷土史家の多田運さんからは、室戸ならではの習慣や歴史など多くの知見を示してもらった。多田さんは2023年5月に死去された。本書をお見せできなかったことは残念で仕方がない。ご冥福をお祈りしている。

紙幅の都合で全ては書き切れないが、ロバート・ゲラー氏、津村建四朗氏、安藤雅孝氏、宍倉正展氏、日野亮太氏、堀高峰氏、佐竹健治氏、入倉孝次郎氏、本蔵義守氏、吉田康宏氏、島崎邦彦氏、平田直氏、泊次郎氏、河田惠昭氏、根本祐二氏らにはさまざまな部分で真相に迫る話を聞かせていただいた。他にも、ご助言や支援を頂いた皆様、取材や出版に協力していただいた諸先輩方にも深くお礼を申し上げたい。

思うように取材が進まず、「もうだめだ」と投げ出しそうにもなった。だが、多くの出会いに導かれ、絡まる糸がほどけるように少しずつ真相が明らかになっていった。専門的な知識もない私だが、唯一の長所は粘り強さだと思っている。今はただ、「途中で諦めなくてよかった」と思うとともに、奇跡的に巡り会えた全ての人たちに、深く感謝を申し上げたい。

２０２３年７月

小沢慧一

◉主要参考文献

はじめに

中日新聞２０１８年９月７日「倒壊家屋『妹が……』高３の兄　捜索現場で涙　北海道震度７」

第１章

気象庁ＨＰ「南海トラフ地震とは」
ＮＨＫＨＰ「１からわかる！南海トラフ巨大地震（１）死者は最悪32万人?!いったいなぜ？」
地震本部ＨＰ「地震調査研究推進本部とは」
Shimazaki, K and T. Nakata「Time-predictable recurrence model for large earthquakes」Geophysical Research Letters, Vol. 7, No.4（1980）
島崎邦彦「時間予測モデルとは」地震ジャーナル№21　１９９６年６月
地震本部ＨＰ「南海トラフの地震活動の長期評価（第二版）について」
地震本部ＨＰ「全国地震動予測地図２０２０年版」
西日本新聞２０２０年４月10日「『地震低リスク』ＰＲは慎重に　九州の自治体、企業誘致で多用」
総務省ＨＰ「情報公開」
中日新聞２０２０年５月14日「コロナ教訓生かされない恐れ専門家会議の議事録作らず政府匿名の概要公開」
地震本部「地震調査研究推進本部 地震調査委員会 長期評価部会 第16～21回海溝型分科会（第二期）議事概要（案）」
地震本部「地震調査研究推進本部地震調査委員会長期評価部会　第５回海溝型分科会（平成13年８月10日）論点メモ（案）」
地震本部「第56回長期評価部会（平成13年７月24日）論点メモ」
地震本部「第57回長期評価部会（平成13年８月30日）論点メモ」
地震本部ＨＰ「南海トラフの地震の長期評価について」
中日新聞２００１年９月29日「社説 東南海地震〝後の祭り〟にするな」

第2章
地震予知連絡会HP「9‐3中国・四国地方の地殻変動（地震予知連絡会会報第93巻）」
C・H・ショルツ「地震と断層の力学」（1993）

第3章
地震本部「地震調査研究推進本部第248回地震調査委員会議事概要」
地震本部「地震調査研究推進本部第43回政策委員会・第35回総合部会議事録」
地震本部「地震調査研究推進本部第44回政策委員会・第36回総合部会議事録」
中日新聞2019年10月20、27日、11月3、10、17、24日、12月1日　連載企画「南海トラフ80％の内幕」
ジャパンタイムズ2020年7月8日「The truth behind fear-inducing Nankai Trough quake prediction figures」
ジャパンタイムズ2020年7月9日「Japan's seismologists and policymakers at odds over quake science」
ジャパンタイムズ2020年7月10日「Nankai quake numbers skewed to prioritize budgets over science」

第4章
今村明恒「南海道大地震に關する貴重な史料」地震第1輯第2巻（1930）
気象庁HP「歴史的潮位資料＋近年の潮位資料」
海岸昇降検知センターHP「加藤&津村（1979）の解析方法による，各験潮場の上下変動」
内閣官房HP「防災・減災、国土強靱化のための5か年加速化対策 概要」
地震本部HP「地震調査研究関係予算」
土陽新聞1930年4月23日「全町民に感謝さるる 室戸史跡発見者　久保野翁苦心を語る」
室戸市史編集委員会「室戸市史」（1989）
室戸ジオパーク推進協議会事務局「室戸ユネスコ世界ジオパーク ジオトラベルブック」（2022）
室戸ジオパーク推進協議会事務局「室戸ユネスコ世界ジオパークガイドマップ」（2019）
日本ジオパークネットワークHP「高知県室戸ユネスコ世界ジオパーク」
室戸ユネスコ世界ジオパークHP「室戸ユネスコ世界ジオパークとは？」

一般社団法人室戸市観光協会ＨＰ「高知県の東南端#ジオパワむろと」
久保野繁馬「室戸港沿革史」（１９２７）
Manabu Hashimoto「Is the Long-Term Probability of the Occurrence of Large Earthquakes along the Nankai Trough Inflated?—Scientific Review」Seismological Research Letters (2022)
Manabu Hashimoto「Is the Long-Term Probability of the Occurrence of Large Earthquakes along the Nankai Trough Inflated—Conflict between Science and Risk Management?」Seismological Research Letters (2022)

第5章

柴田亮「１７０７年宝永地震の地殻変動を示唆する史料」歴史地震（２０１７）
「大変記」新収日本地震史料5別巻5
「聞出文盲」新収日本地震史料第３巻別巻
「万変記」新収日本地震史料第３巻別巻
「須崎地震之記」大日本地震史料増訂第２巻
「宝永地震記」大日本地震史料増訂第２巻
「宝永大変記」新収日本地震史料第３巻別巻
「久保野繁馬所蔵記録」日本地震史料
「磯曲の藻屑」新収日本地震史料第３巻別巻
「室戸港沿革史」新収日本地震史料第３巻別巻
「土佐古今大震記」新収日本地震史料第３巻別巻
室戸市教育委員会「室津古港略記」（２０１０）
久保野文書「手鏡」（江戸時代年代不明）
久保野文書「室津港手鏡」（１８８３）
今村明恒「寶永四年の南海道沖大地震に伴へる地形變動に就いて」地震第１輯第2巻（１９３０）
今村明恒「四國南部の急性的並に慢性的地形變動に就いて」地震第１輯第2巻（１９３０）

今村明恒「南海道沖大地震の謎」地震第1輯第5巻（１９３３）
島崎邦彦　松田時彦「地震と断層」（１９９４）
高知新聞２０２２年11月17〜23日連載「室戸文書は問う次の南海地震に向けて」
東京新聞２０２２年9月11日「『南海トラフ地震』確率に疑義　根拠の地盤変化　工事原因の可能性　70〜80％
↓『再検討を』」
東京新聞２０２２年10月17、18、19、20、22、23日　連載企画「南海トラフ　揺らぐ80％」

第6章

「地震予知利権の構造」宝島社（２０１６）
黒沢大陸『「地震予知」の幻想 地震学者たちが語る反省と限界』（２０１４）
島村英紀『「地震予知」はウソだらけ』（２００８）
中日新聞２０１６年8月28日「予知信仰の崩壊　東海地震説40年（上）科学的根拠はどこに」
中日新聞２０１６年8月29日「予知信仰の崩壊　東海地震説40年（中）３連動　広がる危機感」
中日新聞２０１６年8月30日「予知信仰の崩壊　東海地震説40年（下）想定外まで想定して」
中日新聞２０１６年11月6日「東海地震　予知に根拠なし『したい』願望が『できる』に」
中日新聞２０１７年11月6日「備える　３・11から　災前の策　第１４５回『予知』からの転換　現実路線ようやく」
ロバート・ゲラー「日本人は知らない『地震予知』の正体」（２０１１）
Robert J.Geller「Shake-up for Earthquake Prediction」Nature,352（1991）
Yufang Rong, David D. Jackson, and Yan Y. Kagan「Seismic gaps and earthquakes」JOURNAL OF GEOPHYSICAL RESEARCH, VOL. 108, NO. B10, 2471,（2003）
安藤雅孝「東海沖地震と防災」（１９７５）
中日新聞東海版２０１６年12月26日「青写真の呪縛　東海地震説40年（下）『予知』支持し後悔　先駆者の告白」

気象庁ＨＰ「地震防災対策強化地域判定会（判定会）」
鷺谷威「１９４４年東南海地震発生時の掛川異常隆起は本当か？」地震ジャーナル62（２０１６）
鷺谷威「１９４４年東南海地震前後の地殻変動再考」月刊地球26（２００４）
中央防災会議ＨＰ　南海トラフ沿いの大規模地震の予測可能性に関する調査部会「南海トラフ沿いの大規模地震の予測可能性について」（２０１３）
中央防災会議ＨＰ　南海トラフ沿いの大規模地震の予測可能性に関する調査部会「南海トラフ沿いの大規模地震の予測可能性について（報告）」（２０１７）
瀬川茂子「『困難』から『できない』に　南海トラフ『半割れ』の場合、避難どうする？　不確実な予測と向き合う」論座（２０１７）
中日新聞２０１８年12月11日「南海トラフ 東西片側だけＭ８ 震源域 一斉に津波避難　中央防災会議 報告書」
東京読売新聞２０１６年６月11日「『社説』地震予測地図　大震法の見直しも検討せよ」
毎日新聞２０１６年７月６日「社説：大震法見直し　廃止も選択肢のひとつ」

第７章

地震本部ＨＰ「九州地域の活断層の地域評価」
リスク対策.com 誌面情報 Vol55 ２０１６年５月24日「巻頭インタビュー ０・９％でも発生確率は高い　東京大学地震研究所 地震予知研究センター長・教授 平田直氏　地震予測はどこまで可能か？」
鷺谷威，光井能麻，橋冨彰吾「活断層の地震ハザード情報を社会にどのように伝えるか」日本地球惑星科学連合２０２３年大会ポスター発表（２０２３）
泊次郎「日本の地震予知研究１３０年史　明治期から東日本大震災まで」（２０１５）
黒沢大陸「災害の研究者とメディアの役割を再考する」自然災害科学 Vol.38,No.2（２０１９）
中日新聞２０１２年８月30日「想定死者　最大32万人　内閣府公表　津波犠牲が７割」
東京新聞２００３年９月18日「東海・東南海・南海地震 同時ならＭ８・７　中央防災会議 被害を想定 死者、最大で２万８０００人余 全壊96万棟、損失81兆円」

毎日新聞２０２１年４月29日「地震学の現在地４　東日本大震災『想定外』の起点」
気象庁ＨＰ「南海トラフ地震で想定される震度や津波の高さ」
中央防災会議ＨＰ「『関東大震災１００年』特設ページ」
中央防災会議ＨＰ「首都直下地震の被害想定と対策について（最終報告）」
地震調査研究推進本部ＨＰ「相模トラフ沿いの地震活動の長期評価（第二版）について」
中央防災会議ＨＰ「南海トラフ巨大地震対策検討ワーキンググループ　南海トラフ巨大地震の被害想定について（第一次報告）」
毎日新聞２０２１年５月13日「地震学の現在地５　ちぐはぐな『最大級』被害想定」
中央防災会議ＨＰ「首都直下地震モデル検討会（第27回）」
五十嵐敬喜「『国土強靱化』批判」（２０１３）
上岡直見「日本を壊す国土強靱化」（２０１３）
藤井聡「救国のレジリエンス『列島強靱化』でＧＤＰ９００兆円の日本が生まれる」（２０１２）
国交省北海道開発局ＨＰ「直轄事業の事業計画」
国交省東北地方整備局ＨＰ「予算概要」
国交省関東地方整備局ＨＰ「関東地方整備局の予算」
国交省北陸地方整備局ＨＰ「直轄事業の事業計画」
国交省中部地方整備局ＨＰ「予算・統計資料」
国交省近畿地方整備局ＨＰ「事業予算」
国交省中国地方整備局ＨＰ「中国地方整備局の予算」
国交省四国地方整備局ＨＰ「四国地方整備局の予算」
国交省九州地方整備局ＨＰ「予算」

小沢慧一（おざわ・けいいち）
1985年生まれ。2011年、中日新聞（東京新聞）入社。横浜支局、東海報道部（浜松）、名古屋社会部、東京社会部司法担当などを経て、同部科学班。2020年に連載「南海トラフ 80％の内幕」で「科学ジャーナリスト賞」を受賞。本書で、23年に「第71回菊池寛賞」、24年に「第23回新潮ドキュメント賞」受賞。

南海《なんかい》トラフ地震《じしん》の真実《しんじつ》

2023年8月31日 第1刷発行
2024年10月11日 第7刷発行

著　者 小沢慧一《おざわけいいち》
発行者 岩岡千景
発行所 東京新聞
〒一〇〇－八五〇五 東京都千代田区内幸町二－一－四 中日新聞東京本社
電話［編集］〇三－六九一〇－二五二一
［営業］〇三－六九一〇－二五二七
ＦＡＸ〇三－三五九五－四八三一

装丁・組版 常松靖史［ＴＵＮＥ］
印刷・製本 株式会社シナノ パブリッシング プレス

ISBN978-4-8083-1088-2 C0036